我的小清新情调

健康排毒蔬果汁

维生素 矿物质 膳食纤维 植物化学成分 完美配比

（日）齐藤志乃 著 郑乐英 译

U0391057

新世界出版社
NEW WORLD PRESS

目录

第一章

水果汁

第二章

绿色蔬果汁

第三章

可以吃的蔬果汁

第四章

蔬果汁大改造

本书使用方法

关于难易度和口感

本书将蔬果汁的制作按难易程度分为三类,分别是面向初学者的难易度,面向中级者的难易度以及面向高级者的难易度。

★☆☆ 难易度　　★★☆ 难易度　　★★★ 难易度

另外,有清爽和黏稠两种风味,这样对于不同蔬果汁的口感就可以一目了然了。

风味 清爽　　风味 黏稠

关于材料

※表示材料用量的单位有:1大匙=15ml,1小匙=5ml,1杯=200ml。
※制作出的蔬果汁的量会根据使用的水果和蔬菜等材料的大小有关。

饮用蔬果汁

※孕妇和哺乳期的女士不建议采用蔬果汁这种食物疗法。
※饮用蔬果汁所产生的效果会因人而异。另外,饮用后如有过敏和身体不适等现象,请立即停止饮用,并咨询相关医师。

前言

首先非常感谢您阅读本书。

2010年2月开始想要将食品原料作为食物疗法的一部分引入生活当中，那时候才知道有蔬果汁的存在。

当时看样学样，第一次制作时就加入了苹果、橘子、糙米和豆浆等材料，但是由于加入的材料种类过多，比较失败，说好喝都是违心，于是几天后就完全放弃了。而且家人对此的评价也不高。

之后，听了美国生食主义者讲的课程，就学会了用香蕉、苹果和菠菜制作蔬果汁的方法。

虽然食材很简单，但是味道却惊人的好喝，自此之后，我开始每天早上都制作不同的蔬果汁代替早餐来饮用。

刚开始为了避免大口咕嘟咕嘟地喝下去，将其倒入盛牛奶咖啡的碗中，用勺子舀着一口一口慢慢地喝。

蔬果汁的存在，让生的水果和蔬菜可以直接食用，也正是意识到了这点好处，让原本只吃加热食物和加工食品的我家餐桌上发生了很大的变化，变成了一种以生的蔬菜和水果以及亲手制作的食品为中心，比以前更为健康的饮食方式。

因产后肥胖而让我比较头疼的体重也在不到半年的时间内减掉了15kg，恢复到了20岁左右时的最佳体重。时至三年后的今天也没有再反弹过。

而且，当时因为带孩子过于劳累导致身体变差，由于饮用蔬果汁而得到了很好的改善，现在已经恢复到以前的健康状态了。

除此之外，曾常年困扰我的过敏性鼻炎和哮喘也在不知不觉间都好了。

我就是这样通过喝蔬果汁认识到了饮食的重要性。

不吃肉类和油炸食品等油腻的食物，不吃糕点面包和点心类等用精制砂糖和小麦粉制作的食品，而是选择未经过加工的生水果和蔬菜来作为每天的食物，由此我也体验到了方方面面带来的变化，不仅身体素质发生了改变，就连心情和心态也发生了变化，而且随之而来的是价值观也发生了不可思议的变化等等。

不好的心情和紧张的情绪越来越少，现在每天都非常高兴。

所以，很高兴可以通过这本书让大家了解给我带来这些好的变化的蔬果汁。

也很开心可以让大家体验一下从喝一杯蔬果汁开始的戏剧性效果。

齐藤志乃

何为蔬果汁

蔬果汁来源于美国，原本是指将生的水果用搅拌器搅拌成黏稠状的一种冷饮。基本上是加入冰块进行冰镇，或者加入糖浆和蜂蜜调成甜味饮品。有时也会加入牛奶、豆浆、酸奶和冰激凌等。

相比之下，本书中介绍的蔬果汁则更简单，更有利于身体健康。主要的材料只有生水果、绿色带叶蔬菜和水，但是味道却非常好。蔬果汁非常适合那种想要追求健康和美丽，虽然知道每天摄入一些水果和蔬菜会更好，但是却不知道用什么方法食用的人。一杯蔬果汁完整地包含了水果和蔬菜的营养成分，而且因为用搅拌器粉碎得非常细腻，比起直接咀嚼食用这样会更容易消化，营养成分也更容易被吸收。

蔬果汁的饮用时间

本书中介绍的蔬果汁建议在早上的时间段内饮用。人的身体代谢自身非常规律，上午是一天中的排泄时间。如果上午吃的太腻会妨碍身体排泄，加重身体的负担，因此食用一些比较好消化的水果会更好。

而且，只要将材料放入搅拌器中按下开关键就可以制作蔬果汁，简单省事，非常适合一天中最忙碌的早上了！还可以倒入水杯中直接带在身边，也不会担心洒在外面。

如果用简单方便、营养超群的蔬果汁来代替以往的早餐，你会发现不但身体代谢越来越好，还会变成易瘦的健康体质。

蔬果汁的种类

本书中会介绍水果汁、绿色蔬果汁和可以吃的蔬果汁三种，还会介绍充分利用剩余蔬果汁的蔬果汁大改造。考虑到搭配食用不仅不会加重消化系统负担，还能将各种食材的营养价值充分发挥，达到相辅相成的效果。这里将各种食材进行了完美组合。甜味方面不采用砂糖等甜味调料，而是选择熟透的水果和海枣、葡萄干等材料。有时会使用生姜和肉桂等香料来突出其口味。另外，如果人体摄入过多的冰冷食物，会导致内脏温度降低，从而影响消化和代谢机能，所以要避免过量食用冰冷食物等等，这既是一种为健康考虑的饮品，又是一种可以将美味继续的制作方法。

水果汁

水果汁就是将水果和水放入搅拌器中制作而成的果汁，种类非常丰富。有时会使用洋芹和罗勒等带叶的蔬菜来添加其味道和香味。就如人们常说的"早上吃的水果是金"，水果在早上吃的话最容易发挥其效果。所以只要用水果汁来替代早餐，就可以简单地吃到美味的水果了。

绿色蔬果汁

绿色蔬果汁是将水果、水和带叶蔬菜一起放入搅拌器中制作而成的蔬果汁。虽然看上去是绿色的，但是却有水果的甜味，非常好喝。刚开始的时候建议水果和带叶蔬菜按照6:4的比例放入，带叶蔬菜的量要略少一些。等慢慢习惯之后再逐渐增加带叶蔬菜的分量。本书中带叶蔬菜的量控制的比较好，所以即使第一次尝试的人也可以接受。

可以吃的蔬果汁

制作时不加水（或加少量的水）或含淀粉较多的蔬果汁。可以用勺子慢慢享用，吃少量就会有饱腹感，这也是它的一大魅力。如果将水果切成小块放在上面作为装饰品，那样应该会更诱人。而且，有的也可以作为甜点，非常适合饿了的时候当小点心吃。

蔬果汁的营养和效果

如果不考虑健康和合理饮食而是一味地只吃自己喜欢的食物，这样虽然能够充分摄取到作为能量来源的碳水化合物和类脂类以及身体所需要的蛋白质，但是容易缺乏维持和调节身体机能不可缺少的维生素和矿物质。膳食纤维是碳水化合物的一部分，但是像米饭、意大利面和面包等这种食物中大部分都是糖分，从中基本摄取不到膳食纤维。因此，虽然能够获取足够的能量，但是促进能量燃烧所必要的营养成分和促进排泄的纤维素就会摄取不足。维生素、矿物质和膳食纤维摄入不足，将无法促进身体的新陈代谢，从而导致身体产生的废物聚集在体内无法排出，最终身体会浮肿变胖。有时也会伴随着便秘、肌肤变差和寒冷体质等身体不适。所以，要意识到身体需要的是水果和蔬菜。水果和蔬菜不仅富含维生素、矿物质和膳食纤维，而且还含有可以活化身体生理机能的植物化学成分。植物化学成分是指植物所拥有的色素、香味和涩味等成分，在外皮中含量较多。很多时候将多种食物搭配起来比单独食用效果会发挥得更好，因为这样会起到相辅相成的作用。像蔬果汁一样，食材带皮食用，或者将各种各样的食材搭配起来一起食用效果会更好。另外，这样还可以将生吃或者加热时损失的营养成分充分吸收。

维生素

●维生素A
是一种维持皮肤和粘膜健康，并且具有抗氧化作用的营养物质。

●B族维生素
帮助碳水化合物转化为热量，推动体内代谢。

●维生素C
具有防止皮肤和血管老化，减少身体压力和抗氧化的作用。

●维生素E
防止细胞老化，促进血液循环，改善寒凉体质和肩膀不适。同时具有抗氧化的作用。

矿物质

●铁
氧气的携带者，参与细胞内氧气的运载。是体内酶的构成物质。

●钾
调节细胞内的酶反应，维持细胞的正常活动。协助将体内多余的钠排出，具有防止血压上升的作用。

●钙
强壮骨骼和牙齿的构成物质，保持肌肉收缩和神经健康。

●镁
是体内许多酶的辅基。可以有效抑制神经性兴奋。

膳食纤维

●不溶性膳食纤维
促进肠内有毒物质的排出，预防便秘。

●水溶性膳食纤维
减少身体对糖类和胆固醇的吸收，有效抑制血糖上升。

植物化学成分

有叶绿素（绿色蔬菜）、花青苷（浆果类）、生姜酚（生姜）、番茄红素（西红柿）、β—隐黄素（橘子和番木瓜）、黄体素（金色猕猴桃）、儿茶素（柿子）等。

何为抗氧化作用

防止活性氧和自由基的产生，去除身体内的废物，并具有防止老化的作用。具有抗氧化作用的维生素有维生素A、维生素C、维生素E等，而且，植物化学成分中也有很多含抗氧化作用的成分。

最重要的是要倾听身体的声音

根据可以摄取到的营养物质，将水果和蔬菜搭配起来调制成蔬果汁，这样也非常不错。而本书中推荐的则是更简单地通过倾听身体的声音来制作蔬果汁。就是将新鲜的时令水果和蔬菜整个的生着吃掉，而且种类要多，这样就不需要考虑营养成分等这样那样的因素，很自然地就可以达到营养均衡了。首先倾听一下自己身体的声音，现在是什么心情啊？体质如何啊？然后再来享用这些美味的水果和蔬菜吧。

如何开始蔬果汁的生活

本书内容主要是讲如何用蔬果汁来代替以往的早餐。为了方便大家在今后的日常生活中可以轻松地施行，首先介绍饮用蔬果汁的时间和饮用方法。

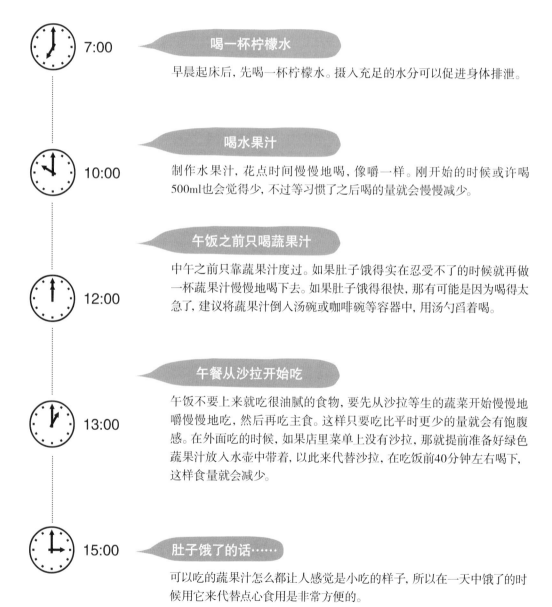

7:00

喝一杯柠檬水

早晨起床后，先喝一杯柠檬水。摄入充足的水分可以促进身体排泄。

10:00

喝水果汁

制作水果汁，花点时间慢慢地喝，像嚼一样。刚开始的时候或许喝500ml也会觉得少，不过等习惯了之后喝的量就会慢慢减少。

12:00

午饭之前只喝蔬果汁

中午之前只靠蔬果汁度过。如果肚子饿得实在忍受不了的时候就再做一杯蔬果汁慢慢地喝下去。如果肚子饿得很快，那有可能是因为喝得太急了，建议将蔬果汁倒入汤碗或咖啡碗等容器中，用汤勺舀着喝。

13:00

午餐从沙拉开始吃

午饭不要上来就吃很油腻的食物，要先从沙拉等生的蔬菜开始慢慢地嚼慢慢地吃，然后再吃主食。这样只要吃比平时更少的量就会有饱腹感。在外面吃的时候，如果店里菜单上没有沙拉，那就提前准备好绿色蔬果汁放入水壶中带着，以此来代替沙拉，在吃饭前40分钟左右喝下，这样食量就会减少。

15:00

肚子饿了的话……

可以吃的蔬果汁怎么都让人感觉是小吃的样子，所以在一天中饿了的时候用它来代替点心食用是非常方便的。

如何让蔬果汁效果更佳

在饮用蔬果汁的时候，虽然没有特别严格的要求，但是针对那些想要变瘦的人和想更加健康的人，我们有一些建议。如果能注意好以下事项，相信你的蔬果汁生活会更快乐、更有效地继续下去。

●肚子饿的时候喝
在饭后和吃饱之后喝的话，它会在肚子里发酵并产生气体，让人有种饱腹感，所以，建议在肚子饿了的时候再喝。

●慢慢嚼着喝
蔬果汁要仔细地嚼着喝，这会让唾液和食物混合在一起，从而促进消化。而且，这会刺激中枢神经，防止吃太多。

●不想喝的时候不要勉强喝
身体不舒服不想喝的时候，如果勉强喝下去会产生相反的效果。另外，不一定每天都要做成蔬果汁，有时吃一些切块的水果也可以。

●不要冷却过度
饮用寒凉蔬果汁会使内脏温度降低，从而影响身体的消化和代谢速度，所以最好是常温饮用。但是在盛夏时分想要喝冰一点的话，可以用冰块替代一半的水。另外，建议将食材先冷冻一下再使用。

●一次吃3~4种水果
很多种水果混合在一起吃会对消化系统造成负担，起到相反的效果，所以最好将水果控制在3~4种。本书中介绍的蔬果汁都不会对消化系统造成负担。

●不要持续吃同一种带叶蔬菜
带叶蔬菜中含有微量的生物碱（碱性有机化合物），这是一种毒素。为了避免它在体内不断累积，所以不要每天都吃同一种蔬果汁，而是变换一下蔬菜的种类，尝试各种不同的组合搭配。

●首先坚持喝3周看看
人体感知味道的味蕾细胞一般3周左右就会更新一次。本书介绍的蔬果汁均没有使用甜味料和盐，所以最开始的时候可能会感觉糖分和盐分不足，但是慢慢地就会习惯这个味道。

●不要提前做出来
营养成分会随着时间的流逝而逐渐减少，所以建议制作完成后马上喝掉。如果想带到外面去喝的话，可以装入瓶中携带。非盛夏时节都可以存放一天左右。

●每天同一时间测量体重
想要通过喝蔬果汁减肥的人，首先以坚持3周为目标开始行动吧。先设定3周后的目标体重，然后每天测量记录，这样可以客观地看出数据的变化。另外，也可以每天通过镜子来确认自己的体型。一边客观地把握现状，同时每天都想象一下自己的目标，这就是减肥成功的关键。

●记录一天的饮食和排便
早上喝了什么样的蔬果汁？喝了多少水？午饭和晚饭吃了什么？分别吃了多少等都要详细记录，这个非常重要。另外，记录排便和记录饮食同样重要。平时了解自己的饮食情况和排便次数，是和改善饮食生活习惯息息相关的。

搅拌器的种类

搅拌器种类很多，容器（放入水果等物体的部分）大小和旋转速度各有不同，这都关系到最终蔬果汁的细腻柔滑程度。这里我们根据不同的级别来介绍一些搅拌器。

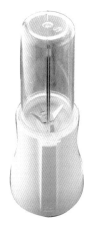

机型小巧，便于携带

Personal Blender 私人搅拌器

机型小巧轻便，易于携带，适合旅行携带。相比大型的搅拌器，它做出的蔬果汁不是特别细腻，在制作的时候可以将带叶蔬菜先放进去再倒入少量的水进行搅拌，这样会使蔬果汁相对更细腻柔滑。直接用搅拌器上面的杯子喝就可以，还可以减少洗刷的工作量。消耗电功率200W。

适合1~2人，外观漂亮

beehive搅拌器

大小中等，是一款来自美国老店品牌的放置型搅拌器，自1946年以来一直保持着超高的人气。其设计精美，即使只是放置在厨房里也会增色不少。刀刃部分和容器都可以取下来，可以直接用洗碗机整个清洗就好了（主机不可以洗）。消耗电功率500W。

适合家庭使用，单次制作量大，且口感更加细腻柔滑

Vitamix料理机

这款搅拌器力量大，旋转速度快，鳄梨的果核都能粉碎得很细。在搅拌时连水果和蔬菜的细胞壁都能粉碎得很细，所以这样更有利于消化吸收。旋转速度也可以调节。只是机型较大比较占地方。消耗电功率900W。

※请根据自己的喜好选择相应的搅拌器。用手动式搅拌器和电动式食品调理机也可以做，不过由于很多带叶蔬菜的茎都比较硬，所以不容易粉碎得很细，口感不好。如果只是用一些软一点的水果制作水果汁的话可以选择此款搅拌器。

常用制作工具

　　制作蔬果汁有三大必备工具：搅拌器、刀具和砧板。除此之外，再介绍一些有辅助性的可选工具，比如用于保存剩余水果和带叶蔬菜的工具以及用于携带蔬果汁的工具等。

●刀具 砧板

我们平常使用的刀具和砧板就可以，不过考虑到味道和卫生等因素，建议最好和切肉、鱼的砧板分开使用。

●玻璃水壶

将喝剩下的或者玻璃杯里装不下的蔬果汁冷藏保存或携带时使用。蔬果汁最好做完后马上饮用，不过也可以装瓶后在冰箱里存放一天左右。

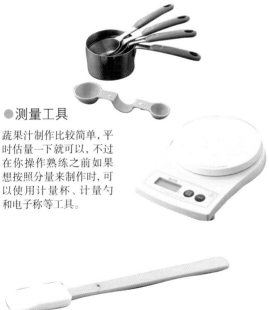

●测量工具

蔬果汁制作比较简单，平时估量一下就可以，不过在你操作熟练之前如果想按照分量来制作时，可以使用计量杯、计量勺和电子称等工具。

●保存工具

保鲜膜、保鲜盒和带封口的冷藏袋等可用于存放剩余的水果和带叶蔬菜。为防止被氧化，没用完的水果和蔬菜一定要用保鲜膜密封好后冷藏保存，并且要尽快用完。

●橡胶刮刀

可以用来疏通堵塞的搅拌器内部，还可以将蔬果汁从容器中舀出。推荐比较好用的长手柄刮刀。

主要食材的切法

　　制作蔬果汁要尽量选择成熟新鲜的时令水果，带叶蔬菜则要选择鲜嫩的叶尖。时令食材不仅营养价值高而且价格实惠。

●香蕉

带皮，用刀将香蕉两端切掉。

剥皮，掰成大块。

●苹果

带皮，竖着切成两半，再切成⅛大小的半月形，将内核去除后切成大块。

●橙子

像削苹果皮一样一边转动一边削皮，然后切成大块并除去种子。

备忘录 不用担心，用搅拌器转动一分多钟后薄皮就会变得很细了。

●葡萄柚

带皮，竖着切成两半后，横向再成两半。切成⅛大小的半月形后，刀横向切入，将外皮和果肉分离，再除去种子。

●柠檬或酸橙

带皮将柠檬切成8等份的半月形，然后刀横向切入，将外皮和果肉分离。因为种子较苦所以要去除掉。

●葡萄

带皮竖着切成两半，除去葡萄籽。

备忘录 冷冻后葡萄皮的涩感会减少，这样可以带皮一起吃，所以推荐冷冻后带皮食用。

●白桃

朝着桃核方向切开，只将需要的果实连带果皮一起从桃核上剥下，和果汁一起放入搅拌器中（要在搅拌器上方操作，避免果汁洒落）。

● 菠萝

叶子部分用手拧下来。　　上下两端各切掉2cm左右。　　竖着切成两半后再切成4　　切成大块。
等份，削皮。

备忘录 由于糖分会聚集在菠萝的下半部分，所以买来后要将其倒置，将有叶子的那端朝下，这样会使它的甜味在整个菠萝内分散开来。因为菠萝不用像香蕉那样催熟，只要选择香气四溢的即可。

● 芒果

沿着芒果核紧紧下刀，避　　将果肉部分切成格子状。　　用勺子将切好的果肉取　　用刀将果核上的果肉剥下
开芒果核将其切成3份。　　　　　　　　　　　　出放入搅拌器中。　　　　切块。果皮和果核不要。

● 鳄梨

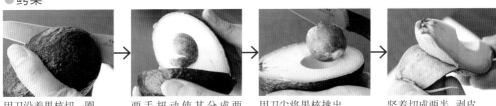

用刀沿着果核切一圈。　　两手扭动使其分成两　　用刀尖将果核挑出。　　竖着切成两半，剥皮。
半。

● 带叶蔬菜

将菠菜、小松菜、青梗菜等带叶蔬　　茼蒿、空心菜等根茎比较硬的带
菜切成2~3cm的段。　　　　　　叶蔬菜则只使用菜叶部分。

小贴士

※很多情况下果皮也会一起食用，所以一定要清洗干净。推荐使用可以有效去除农药残留，含有珊瑚和贝壳成分的蔬菜洗液来浸泡清洗。浸泡后再用流水仔细清洗，最后除去水分。

※根据使用的搅拌器来调整水果和带叶蔬菜的切块大小。切块越小，制作时间越短，也会越顺利。切块越大搅拌时间就会越长，摩擦热会导致蔬果汁变热，要注意这一点。

备忘录 剩下的蔬菜要用厨房用纸和揩布包起来放到塑料袋中，再立着放到冰箱蔬菜盒子里保存起来。蔬菜茎可以用来做蔬菜沙拉和拌菜。

锦上添花的调味料

通过不断变换水果和蔬菜的搭配组合，就可以品尝到各种各样不同风格的蔬果汁。如果再添加上调味料的话，还可以有更多不同的味道。

●肉桂

中医称为桂皮，是一种可以温暖身体的调味料。它有强化毛细血管的作用，还对改善体寒和皮肤衰老有很好的效果，所以平时可以适当地食用。将其放入蔬果汁后其会释放出热量，算是一种甜品果汁。

●肉豆蔻

肉豆蔻是一种非常有名的调味料，因为制作汉堡时会加入它，另外在南瓜饼等一些甜品中也会使用。它具有温暖身体和调整肠道的作用，可以有效地抑制肠内的气体，并防止腹泻。

●姜粉

如果喝完蔬果汁后身体容易变冷，那建议使用姜粉这种调味料。也可以直接将生姜研碎使用。只要放少量作料其口味的变化一下子就出来了。它具有温暖身体和提高免疫力的功效。

●茶味调料

想要突出民族风味时使用的调味料。用肉桂粉、豆蔻粉、姜粉按照2:1:1的比例混合而成的调料。当然也可以去市场上直接购买成品。

●香辛料

一味用辣椒、红辣椒和卡宴辣椒粉等调成的辣味香辛料。在蔬果汁中加入辣味调料，不仅可以使味道更丰富，同时也有暖身的效果。不同的香辛料其辛辣程度不同，所以可根据自己的喜好来调整。

●黑胡椒

它具有排出体内气体，加快新陈代谢和促进血液循环的作用。虽然水果和黑胡椒这个搭配听上去有点奇怪，但是却有意想不到的味道。

蔬果汁的基本制作方法

　　制作蔬果汁的基本顺序是依次向搅拌器中放入水果、蔬菜和水。这里在基本制作方法的基础上，会根据搅拌器的类型介绍相应的制作方法。了解了手中搅拌器的特点后，就开始制作蔬果汁吧。

基本制作方法

1 将水果和带叶蔬菜切块放入搅拌器中。

将水果和蔬菜洗净并去除水分，然后分别切块。放入的顺序基本上是按照先放入柑橘类等水分含量较高的水果，再放入香蕉和芒果等比较软的水果，然后放入苹果和梨等较为坚硬的水果，最后放入带叶蔬菜。

2 注水，盖盖，启动开关按钮。

以搭配表中介绍的用水量为参考，可以根据自己的喜好进行调整。但是，水量过少的话搅拌器不容易搅拌，过多的话材料又不容易被研碎，所以要注意用水量。启动开关后会有震动的现象发生，这时候应该将盖子盖紧，也可以单手压一下盖子。

3 搅拌细腻后关掉开关，将蔬果汁倒入杯中。

搅拌细腻直至看不到材料的颗粒为止。尝一下味道，如果过于黏稠的话就再加点水，再次搅拌一下。甜味不足的时候可以通过加入香蕉和海枣糊（参考第82页）来调整。

※基本的制作方法是指使用像Vitamix料理机和beehive搅拌机（参考第10页）这种刀刃在底部且力量很强的搅拌器时的方法。本书通过基本的制作方法来介绍蔬果汁的调制。

使用杯式搅拌器时

在使用像Personal Blender这种刀刃连在盖子上的杯式搅拌器时，其放入材料的顺序和基本制作方法是截然相反的。有带叶蔬菜时要最先放入杯子底部，然后放入比较坚硬的水果，再放入较为柔软的水果和水分含量较高的水果。安装上主体后将其倒置过来，水果正好位于刀刃附近。

使用强度可控的搅拌器时

搅拌器强度较弱时，如果还是按照基本制作方法中的顺序放入材料的话，带叶蔬菜不容易被粉碎的很细腻，所以要先放入带叶蔬菜，然后注入一半的水（50ml左右），盖上盖子启动开关。用少量的水进行搅拌时会使带叶蔬菜和刀刃充分接触，从而容易粉碎的很细腻。之后再放入水果进行搅拌，最终就会制作出一杯口感细腻的蔬果汁了。

水果有效营养搭配

使用本书中介绍的水果制作的蔬果汁，都是按照非常有效地水果搭配制作而成的。本书根据消化时间和消化液的PH值（表示酸碱性的数值）等将其分为四大类。首先是葡萄柚和猕猴桃、柠檬等酸味较强的水果（以下称为A），苹果和洋梨、莓类等酸甜味水果（以下称为B），香蕉和葡萄、番木瓜、海枣等甜味水果（以下称为C），最后是西瓜和甜瓜等瓜类水果（以下称为D）。这四种分类中食用搭配较好的为A和B，B和C。这两种组合不会对消化系统造成负担，还可以预防酶的消耗，是一种对身体很好的蔬果汁。D不需要跟其他类别搭配，单独使用即可。牢记这四大分类原则后，就可以做出美味助消化的蔬果汁了。水果的酸味和甜味也并不是一成不变的，在自己制作蔬果汁的时候作为参考即可。

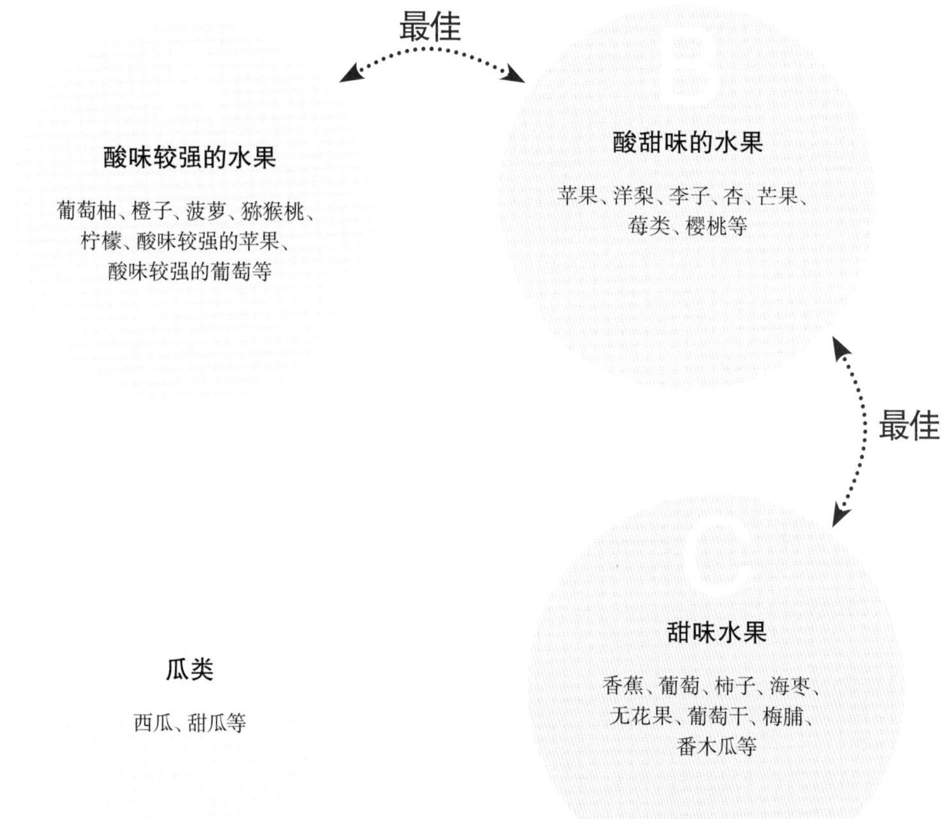

最佳

酸味较强的水果

葡萄柚、橙子、菠萝、猕猴桃、柠檬、酸味较强的苹果、酸味较强的葡萄等

酸甜味的水果

苹果、洋梨、李子、杏、芒果、莓类、樱桃等

最佳

甜味水果

香蕉、葡萄、柿子、海枣、无花果、葡萄干、梅脯、番木瓜等

瓜类

西瓜、甜瓜等

第一章
水果汁
FRUIT SMOOTHIE

草莓香蕉果汁

基本的水果组合做成的蔬果汁也相当美味!
只需一杯,就可以获取一天所需要的维生素C,非常棒的搭配。

★☆☆
难易度

风味
黏稠

🍓 材料 (1人量/约500ml)

草莓·······························8 个
香蕉·······························1 根
柠檬·······························⅛ 个
水·································50ml

🥤 制作方法

1 草莓带蒂一起放入搅拌器中。

2 香蕉切掉两头并剥皮,掰成大块状放入搅拌器中。

3 将柠檬外皮剥掉,种子剔除,带着薄皮一起放入搅拌器中。

4 注水、盖盖,启动搅拌器开关。搅拌细腻后关掉开关,倒入杯中。

蔬果汁笔记

也可以不加水制作,用勺子舀着吃。如果加入洋芹和荷兰芹的话,会调成一款绿色蔬果汁。香蕉在未成熟时含淀粉较多,随着逐渐成熟变成黄色甚至茶色后,具有美容功效的维生素B2和维生素B6以及烟酸等成分都会随之增加。

小贴士

只用水果和水制作的单一水果汁

只用一种水果和水制作而成的单一的水果汁,即使是初次尝试的人也可以放心饮用。将香蕉、芒果、草莓、白桃、菠萝、猕猴桃、葡萄柚、橙子、橘子、甜瓜等单独加水后用搅拌器搅拌即可。这种单一的果汁可以省去组合搭配的烦恼,是一种简单而又可口的选择。

不用于蔬果汁的食材有哪些?

本书中不会使用像胡萝卜、卷心菜、花茎甘蓝等这种淀粉含量较高的蔬菜。这种蔬菜和水果内的糖分一起被人体吸收后会在肠内发酵从而产生气体。另外,牛奶、豆浆、酸奶和油等如果混入蔬果汁内的话,会对消化器官产生刺激,还有可能产生气体,所以本书中也不会使用。

★☆☆
难易度

风味
清爽

橘子草莓果汁

甜味水果搭配在一起能给人带来一种幸福的味道。橘子中含
有的β—隐黄素有预防癌症的作用。

🍓 材料 （15人量/约500ml）

橘子······3个
草莓······15个
水······不需要

蔬果汁笔记

如果想做成绿色蔬果汁的话,推荐使用水芹和荷
兰芹。柑橘类的种子是苦的,所以要剔除。冬天的
时候可以放点姜(或者姜粉,参考第14页),这样
喝下去身体会暖暖的。

🥄 制作方法

1　剥去橘子的外皮,带着薄皮掰成两半后放入搅拌器
中。

2　草莓带蒂一起放入搅拌器中。

3　盖盖,启动搅拌器开关。搅拌细腻后关掉开关,倒入杯
中即可。

🍓材料 （1人量/约500ml）

橙子…………………………………1个
葡萄…………………………………10粒
水……………………………………100ml

蔬果汁笔记

葡萄的有效成分有一部分存在于葡萄皮中，所以在使用的时候要带皮。橙子也可以用橘子代替。它的薄皮部分含有可以强化毛细血管的维生素P，所以要尽量带着薄皮食用。

🥄制作方法

1️⃣ 剥去橙子的外皮，连带薄皮切成大块后放入搅拌器中。

2️⃣ 葡萄带皮切成两半，剔除种子后放入搅拌器中。

3️⃣ 注水，盖盖，启动搅拌器开关。

4️⃣ 搅拌细腻后关掉开关，倒入杯中即可。

★☆☆
难易度

风味
清爽

橙子葡萄果汁

葡萄具有很强的抗氧化作用，橙子则含有很丰富的维生素C，这两者搭配在一起真是妙极了。

葡萄柚草莓苹果果汁

这是一款清爽的酸甜口味水果汁。
葡萄柚略有苦味,有抑制食欲的作用,所以有利于减肥。

🍓材料 （1人量/约500ml）

葡萄柚……………………………½个
草莓………………………………10个
苹果………………………………1个
水…………………………………不需要

🥤制作方法

1 剥去葡萄柚的外皮,连带薄皮一起切成大块,剔除种子后放入搅拌器中。

2 草莓带蒂直接放入搅拌器中。

3 苹果带皮,去核后切成大块放入搅拌器中。

4 盖盖,启动搅拌器开关。搅拌细腻后关掉开关,倒入杯中即可。

蔬果汁笔记

葡萄柚的薄皮比较硬,所以搅拌器要比平时多转1分钟左右,这样制作出的果汁才会更细腻。

🍓材料 （1人量/约500ml）

橙子·······················2个
蓝莓（可冷冻）·············½杯（约70g）
海枣·······················1个
薄荷叶子···················5片
水·························100ml

蔬果汁笔记

如果觉得只选用蓝莓味淡的话,可以加入海枣来调整味道。

🥄制作方法

1 剥去橙子的外皮，连带薄皮将其切成大块后放入搅拌器中。

2 蓝莓直接放入搅拌器中。如果觉得只加入蓝莓味淡的话，可以放入去种后的海枣。

3 将薄荷叶子放入搅拌器中。

4 注水，盖盖，启动搅拌器开关。搅拌细腻后关掉开关，倒入杯中即可。

橙子蓝莓果汁

被誉为"超级食物"的蓝莓搭配上具有抗氧化作用的橙子,再加上含有多糖、葡萄糖等多种营养成分的海枣来提升一下整体的甜味。

★☆☆
难易度

风味
清爽

菠萝苹果梅脯果汁

一款清爽甘甜、用来预防便秘的果汁。
只用菠萝和苹果也非常好喝。

★☆☆
难易度

风味
清爽

🍓材料 （1人量/约500ml）

菠萝……………………………¼个
苹果……………………………½个
梅脯……………………………2个
水………………………………100ml

蔬果汁笔记

苹果皮中富含膳食纤维（果胶），所以一定
要带皮使用。果胶可以吸收体内的重金属，
然后可随粪便一起排出。

💡制作方法

1 削去菠萝的外皮，带芯切成大块后放入搅拌器中。

2 苹果带皮，去除果核后切成大块，放入搅拌器中。

3 梅脯去核，撕成两半后放入搅拌器中。

4 注水，盖盖，启动搅拌器开关。搅拌细腻后关掉开关，
倒入杯中即可。

木莓香蕉果汁

木莓富含多酚, 具有很好的抗氧化作用, 这款果汁的减肥效果和美白效果很值得期待哦!

★☆☆
难易度

风味
黏稠

🍇材料 （1人量/约500ml）

木莓（可冷冻）··················1杯（约140g）
香蕉··································1根
柠檬··································¼个
水····································100ml

蔬果汁笔记

莓类是一种热量低却营养丰富的水果。木莓所含有的木莓酮具有燃烧脂肪的作用。如果想做成绿色蔬果汁建议使用菠菜。但是, 如果蔬菜放多了会使蔬果汁变成黑色, 所以要少放。

🥄制作方法

1 木莓直接放入搅拌器中。

2 香蕉切掉两头后剥去外皮, 掰成大块, 放入搅拌器中。

3 剥去柠檬外皮并剔除种子, 连带薄皮一起放入搅拌器中。

4 注水, 盖盖, 启动搅拌器开关。搅拌细腻后关掉开关, 倒入杯中即可。

番木瓜芒果果汁

番木瓜含有的叶酸可以预防贫血。这是一款排毒效果最令人期待的果汁，还加入了富含维生素C的酸橙，可以轻松解决女性朋友的小烦恼。

★☆☆
难易度

风味
黏稠

🍉 材料 （1人量/约500ml）

番木瓜·······························½ 个
芒果·································1 个
酸橙·······························¼ 个
水·······························100ml

蔬果汁笔记

还可以做成布丁的样式，也非常可口。那样的话，水要减到50ml，做成糊状，然后切点水果放在上面作装饰。

🥤 制作方法

1 将番木瓜切成两半，用勺子将种子取出。剥去外皮后切成大块放入搅拌器中。

2 剥去芒果的外皮，切成大块后放入搅拌器中。

3 剥去酸橙的外皮，剔除种子，连带薄皮一起放入搅拌器中。

4 注水，盖盖，启动搅拌器开关。搅拌细腻后关掉开关，倒入杯中即可。

食谱改编

番木瓜种子变身调味料

番木瓜剩下的种子可以用来拌蔬菜沙拉吃。

🍉 材料 （60ml的分量）

番木瓜种子·················½个的量（约2大勺）
天然酿造醋·················1大勺
柠檬·····················⅛个
蜂蜜·····················1小勺
盐·······················½勺
黑胡椒····················少许

🥤 制作方法
将所有材料全部放入搅拌器中进行搅拌，直至其乳化变白。

★☆☆
难易度

风味
黏稠

番木瓜猕猴桃
香蕉果汁

番木瓜富含丰富的酶,可以分解肠内的废弃物,并排除体内的寄生虫,起到清理身体毒素的效果。

🍓 材料 (1人量/约500ml)

番木瓜·····················½个
猕猴桃·····················½个
香蕉·······················1根
水·······················100ml

蔬果汁笔记

将香蕉成串地挂起来催熟,直至出现糖点(黑色斑点)后,剥去外皮切成大块,然后冷冻保存起来,这样用起来会比较方便。

🥄 制作方法

1 将番木瓜切成两半,用勺子取出种子。剥去外皮后切成大块放入搅拌器中。

2 猕猴桃不剥皮,将果蒂坚硬处除掉,切成大块后放入搅拌器中。

3 将香蕉两头切掉,剥去外皮,掰成大块后放入搅拌器中。

4 注水,盖盖,启动搅拌器开关。搅拌细腻后关掉开关,倒入杯中即可。

🍓材料 （1人量/约500ml）

菠萝·····························¼个
芒果·····························½个
水·······························100ml

蔬果汁笔记

如果想做成绿色蔬果汁的话，建议使用薄荷和荷兰芹。芒果菠萝果汁和水芹、苦苣、八丈草等这些有味道的蔬菜搭配时很有帮助。

🥤制作方法

1 剥去菠萝的外皮，切成大块后放入搅拌器中。

2 剥去芒果外皮，切成大块后放入搅拌器中。

3 注水，盖盖，启动搅拌器开关。

4 搅拌细腻后关掉开关，倒入杯中即可。

★☆☆
难易度

风味
黏稠

菠萝芒果果汁

黄色的果汁味道也极好。芒果具有很好的抗氧化效果，可以美化肌肤。
菠萝中的柠檬酸则具有抗衰老的功效！

橙子蓝莓木莓果汁

这款果汁不用水,非常黏稠。
口味较甜,可以作为甜点来享用。

★☆☆
难易度

风味
黏稠

🍓材料 （1人量/约500ml）

橙子……………………………2个
蓝莓（可冷冻）………………½杯（约70g）
木莓（可冷冻）………………½杯（约70g）
水………………………………不需要

🥄制作方法

1️⃣ 剥去橙子外皮,连带薄皮一起切成大块放入搅拌器中。

2️⃣ 蓝莓直接放入搅拌器中。

3️⃣ 木莓也直接放入搅拌器中。

4️⃣ 盖盖,启动搅拌器开关。搅拌细腻后关掉开关,倒入杯中即可。

蔬果汁笔记

做完后撒上一点黑胡椒,别有一番风味。

橙子芒果果汁

一口喝下去会让你体会到一种热带风情!
还可以期待一下它的美容效果和在预防贫血、改善便
秘等方面的功效。

★☆☆
难易度

风味
黏稠

● 材料 （1人量/约500ml）

橙子·····················1个
芒果·····················1个
水·····················100ml

🍵 制作方法

1 剥去橙子的外皮，连带薄皮一起切成大块后放入搅拌器中。

2 剥去芒果的外皮，切成大块后放入搅拌器中。

3 注水，盖盖，启动搅拌器开关。搅拌细腻后关掉开关，倒入杯中即可。

蔬果汁笔记

想要突出一下口味的时候可以在上面撒点茶调味料（参考第14页）。

苹果香蕉酸橙鳄梨果汁

这款果汁比较黏稠浓厚。推荐在肚子饿的时候喝。

★★☆
难易度

风味
黏稠

🍇 材料 （1人量/约500ml）

苹果	½个
香蕉	1根
酸橙	¼个
鳄梨	¼个
水	100ml

蔬果汁笔记

鳄梨如果搅拌过度的话口感会不好，所以建议先将其他材料搅拌到一定程度后，再放入鳄梨继续搅拌。

🥄 制作方法

1️⃣ 苹果带皮，取出果核后切成大块放入搅拌器中。

2️⃣ 将香蕉两头切掉，剥去外皮，掰成大块后放入搅拌器中。

3️⃣ 剥去酸橙的外皮，剔除种子，连带薄皮一起放入搅拌器中。鳄梨除去种子和外皮后放入搅拌器中。

4️⃣ 注水，盖盖，启动搅拌器开关。搅拌细腻后关掉开关，倒入杯中即可。

🍓材料 （1人量/约500ml）

橘子……………………………3个
无花果…………………………2个
柠檬……………………………¼个
海枣……………………………1个
水………………………………100ml
肉桂……………………………少量

蔬果汁笔记

天气冷的时候可以撒上点肉桂和肉豆蔻，提升温度。冬天的时候建议喝1大杯。

💡制作方法

1 剥去橘子的外皮，切成大块，剔除种子后放入搅拌器中。将无花果果蒂处坚硬的部分除掉，掰成两半放入搅拌器中。

2 剥去柠檬的外皮，剔除种子，连带薄皮一起放入搅拌器中。将海枣切成两半，剔除种子后放入搅拌器中。

3 注水，盖盖，启动搅拌器开关。搅拌细腻后关掉开关，倒入杯中即可。也可以根据自己的喜好撒上点肉桂。

橘子无花果果汁

无花果具有调整肠道的作用，而且美容效果极佳，搭配上富含维生素C的橘子，非常完美。

★★☆
难易度

风味
黏稠

葡萄柚薄荷果汁

葡萄柚的减肥效果非常好，要用一整个。而且葡萄柚的香味也对减肥有很好的效果。

★★☆
难易度

风味
清爽

🍎材料 （1人量/约500ml）

葡萄柚·····························1个
薄荷叶·····························5片
水·····························不需要
※如果搅拌器搅不动可以稍微加一点水。

蔬果汁笔记

用夏橘代替葡萄柚，用罗勒代替薄荷味道也不错。如果比较介意葡萄柚的薄皮，也可以剥掉不用。另外，有的搅拌器不加水可能搅不动，这时候可以稍微加一点水。

🥄制作方法

1 剥去葡萄柚的外皮，连带薄皮切成大块，剔除种子后入搅拌器中。

2 将薄荷叶子放入搅拌器中。

3 盖盖，启动搅拌器开关。搅拌细腻后关掉开关，倒入杯中即可。

🍓材料 （1人量/约500ml）

柿子·······························1个
梨································½个
柠檬······························¼个
水·······························100ml

蔬果汁笔记

想做成绿色蔬果汁的话，推荐使用茼蒿或野油菜。日本梨不能催熟，并且要尽早食用。柿子要催熟，感觉按一下就会破掉的时候最好吃。还可以减少用水量制作成布丁。

🥄制作方法

1 去除柿子的蒂，连带皮一起切成大块，剔除种子后放入搅拌器中。

2 去除梨核，带皮切成大块后放入搅拌器中。

3 剥去柠檬外皮，剔除种子，连带薄皮一起放入搅拌器中。

4 注水，盖盖，启动搅拌器开关。搅拌细腻后关掉开关，倒入杯中即可。

柿子梨果汁

柿子中维生素C的含量是柑橘类的两倍，梨则具有解除疲劳的效果，搭配在一起就是一款日式风味的果汁。

★★☆
难易度

风味
黏稠

橙子苹果草莓生姜果汁

这是一款富含维生素C的果汁。调整味道用的生姜还有防止
DNA受损的效果。

★★☆
难易度

风味
清爽

🍓材料（1人量/约500ml）

橙子⋯⋯⋯⋯⋯⋯⋯⋯⋯⋯1个	
苹果⋯⋯⋯⋯⋯⋯⋯⋯⋯⋯½个	
草莓⋯⋯⋯⋯⋯⋯⋯⋯⋯⋯8个	
生姜⋯⋯⋯⋯⋯⋯⋯⋯⋯⋯5g	
水⋯⋯⋯⋯⋯⋯⋯⋯⋯⋯⋯100ml	

蔬果汁笔记

生姜的用量大概为小指头肚那么多即可。如
果将整块直接放进搅拌器中不容易搅拌细
腻，所以一定要切细后再放进去。

🥄制作方法

1 剥去橙子的外皮，连带薄皮切成大块后放入搅拌器中。

2 苹果带皮，去除果核后切成大块放入搅拌器中。

3 草莓带蒂一起放入搅拌器中。

4 生姜带皮切细后放入搅拌器中。

5 注水，盖盖，启动搅拌器开关。搅拌细腻后关掉开关，
倒入杯中即可。

菠萝香蕉茴香果汁

这是一款排毒效果很好的果汁,可以好好清理身体内的废弃物。
可以加入具有健胃调整肠道作用的香草调节味道。

★★☆
难易度

风味
黏稠

🍎材料 （1人量/约500ml）

菠萝·······························¼个
香蕉·······························1根
茴香叶子·························½根
水·································100ml

🥄制作方法

1 剥去菠萝的外皮,切成大块后放入搅拌
   器中。

2 将香蕉两头切掉,剥去外皮,掰成大块后
   放入搅拌器中。

3 将茴香叶子放入搅拌器中。

4 注水,盖盖,启动搅拌器开关。搅拌细腻
   后关掉开关,倒入杯中即可。

蔬果汁笔记

香蕉中的低聚糖可以增加体内的益生菌,菠萝
中的酶则可以分解肠内的废弃物。如果没有茴
香叶子的话,也可以用迷迭香和薄荷、荷兰芹等
代替。

甘美白桃果汁

白桃具有降血压的作用,还含有降低胆固醇的成分和丰富的膳食纤维(果胶)。

★☆☆
难易度

风味
黏稠

🍓材料 (1人量/约500ml)

白桃·····················2个
水·····················100ml

蔬果汁笔记

白桃果汁放置不喝的话会被氧化变成茶色,所以制作完成后要尽快饮用。如果不马上喝的话,可放些柠檬汁来防止其被氧化变色。

🥤制作方法

1 白桃带皮,沿着桃核方向下刀切入,在搅拌器上方用刀将果肉从桃核上剥离下来放入搅拌器中,桃汁也滴进去(桃核不放进去)。

2 注水,盖盖,启动搅拌器开关。

3 搅拌细腻后关掉开关,倒入杯中即可。

食谱改编

白桃葡萄柚果汁

白桃和葡萄柚这对组合效果也是绝佳的。是一款适合夏季饮用的美肤果汁。

🍓材料 (1人量/约500ml)
白桃·····················1个
葡萄柚·····················½个
水·····················100ml

🥤制作方法
先将白桃放入搅拌器中,葡萄柚剥去外皮,连带薄皮一起切成大块,剔除种子后也相继放入搅拌器中,注水,盖盖,启动搅拌器开关。搅拌细腻后关掉开关,倒入杯中即可。

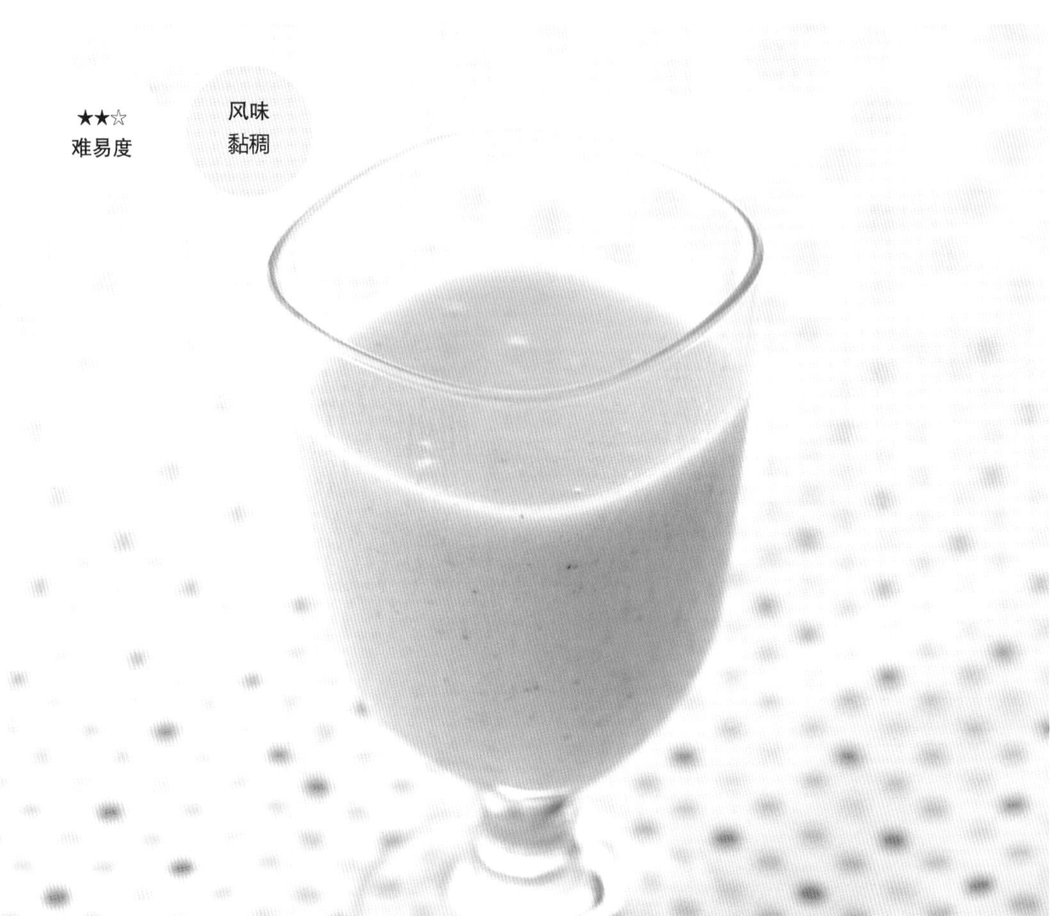

菠萝椰子椰林飘香鸡尾酒
风味果汁

想要尝试一款不同风味的果汁吗? 推荐这款!
当然这款果汁是不含酒精的, 早上也可以放心饮用哦!

🍓 材料 (1人量/约500ml)

菠萝·······························½个
海枣·······························2个
椰子粉·····························2大勺
水·································100ml

蔬果汁笔记

如果手头有鲜椰子的话, 就用椰子汁来代
替水, 这样最正宗。这时候就不用再加椰子
粉了。

🍹 制作方法

1 椰子粉要提前用等量的水 (100ml之外) 先冲泡好。

2 剥去菠萝的外皮, 切成大块后放入搅拌器中。

3 将海枣切半取出种子后放入搅拌器中。

4 将第一步中冲泡好的椰子粉倒入搅拌器中, 注入100ml
的水, 盖盖, 启动搅拌器开关。搅拌细腻后关掉开关,
倒入杯中即可。

🍓材料 （1人量/约500ml）

洋梨……………………………………1个
香蕉……………………………………1根
水………………………………………100ml
茶调味料（参考第14页）………………适量

（参考第14页）

📖制作方法

1️⃣ 洋梨带皮，取出梨核后切成大块放入搅拌器中。

2️⃣ 将香蕉两头切掉，剥去外皮，掰成大块后放入搅拌器中。

3️⃣ 注水，盖盖，启动搅拌器开关。

4️⃣ 搅拌细腻后关掉开关，倒入杯中即可。还可以根据自己的喜好撒上点茶调味料。

蔬果汁笔记

加入菠菜和洋芹做成的绿色蔬果汁也很可口。洋梨不熟的话可以放在20℃左右的地方催熟，这样会更甜。

★☆☆
难易度

风味
黏稠

洋梨香蕉肉桂风味果汁

洋梨中含有对嗓子有益的山梨糖醇。如果身体寒凉，可以加入肉桂来提升温度。

香蕉黄瓜甜瓜果汁

将昂贵的甜瓜做成果汁还是需要点勇气的……
不过,这样一来我们就可以享用到实惠而高级的果汁了!

★★☆
难易度

风味
黏稠

🍓材料 (1人量/约500ml)

香蕉·····················1根
黄瓜·····················½根
柠檬·····················⅛个
水·····················100ml

蔬果汁笔记

在蔬果汁的发源地美国,黄瓜也是一种水
果。黄瓜放多了的话,它的青草味太重会影
响到甜瓜的味道,所以要注意一下用量。

🍹制作方法

1 将香蕉的两头切掉,剥去外皮,掰成大块后放入搅拌器中。

2 将黄瓜切成大块后放入搅拌器中。

3 柠檬剥去外皮,剔除种子,连带薄皮一起放入搅拌器中。

4 注水,盖盖,启动搅拌器开关。搅拌细腻后关掉开关,倒入杯中即可。

🍎材料 （1人量/约500ml）

苹果	1个
橘子	1个
柠檬	⅛个
海枣	2个
水	100ml
肉桂	少量

📝制作方法

1 苹果带皮，去除果核后切成大块放入搅拌器中。

2 橘子剥去外皮，连带薄皮掰成两半后放入搅拌器中。

3 柠檬剥去外皮，剔除种子，连带薄皮放入搅拌器中。海枣切成两半，去除种子后放入搅拌器中。

4 注水，盖盖，启动搅拌器开关。搅拌细腻后关掉开关，倒入杯中即可。可以根据自己的喜好撒上点肉桂。

蔬果汁笔记

海枣可以用1大勺葡萄干代替。冬天的时候建议喝1大杯。

苹果派风格的苹果汁

想吃零食的时候就选这款果汁吧。
苹果性平温和，肉桂则可以温暖身体，放心饮用。

★☆☆
难易度

风味
清爽

带叶蔬菜的有效组合

了解不同食材的有效搭配组合，这是蔬果汁可以持续饮用下去的关键所在。了解了第16页中水果的有效组合后，在此基础上再补充一些带叶蔬菜，来尝试一下不同的味道吧。本书中带叶蔬菜也叫做green绿色。在水果汁中加入蔬菜后就变成了绿色蔬果汁（在水果汁的蔬果汁笔记中都有介绍建议搭配的蔬菜，可以参考一下）。带叶蔬菜可以细分为四种。小松菜、青梗菜和菠菜等绿色比较浓厚的蔬菜适合初学者。茼蒿、八丈草和

荷兰芹等是有味道的绿色比较浓厚的蔬菜。车前、薄荷、罗勒、香菜等是带有香味的蔬菜。顺便说一下，洋芹可以作为主要材料单独使用，或者作为辅助材料提味用。制作美味绿色蔬果汁的关键就是同时使用像绿色比较浓厚的蔬菜+带有香味的蔬菜两种蔬菜。另外，初次挑战制作绿色蔬果汁的话，建议只使用叶子部分。慢慢习惯后可以连蔬菜茎一起使用。放入蔬菜茎的话辣味和蔬菜味会变重，但是营养价值也会提高。

适合初学者的绿色比较浓厚的蔬菜

小松菜、青梗菜、菠菜、空心菜、罗马生菜、生菜、猪毛菜、芜菁叶子等。

有味道的绿色比较浓厚的蔬菜

茼蒿、荷兰芹、八丈草、苦苣、胡萝卜叶子等。

洋芹

可以作为主要材料单独使用，也可以作为辅助材料使用。

有香味的蔬菜

罗勒、薄荷、车前、香菜、鸭儿芹、茴香等。

● 美味绿色蔬果汁的方程式

美味的水果组合（参考第16页）	+	绿色比较浓厚的带叶蔬菜A或者B	+	带有香味的蔬菜C	+	水	+	调味料（参考第14页）

第二章

绿色蔬果汁

GREEN SMOOTHIE

苹果香蕉菠菜果汁

★☆☆
难易度

风味
黏稠

菠菜具有抗肌肤老化、美容和造血的作用,搭配上苹果和香蕉,
是一款美味的蔬果汁。

🥬材料 （1人量/约500ml）

苹果·······················½个
香蕉·······················1根
柠檬·······················⅛个
菠菜·······················1棵（30g）
水·························100ml

蔬果汁笔记

可以说这是一款最基础的绿色蔬果汁。刚开始
的时候可以根据这个搭配来制作,等习惯了之
后,苹果可以用蓝莓或菠萝来代替,菠菜则可以
用小松菜或野油菜、青梗菜来代替,可以尝试一
下各种不同的组合,不同的味道。柠檬也可以用
酸橙来代替。

🍶制作方法

1 苹果带皮,除去果核后切成大块放入搅
拌器中。

2 将香蕉两头切掉,剥去外皮,掰成大块
后放入搅拌器中。

3 剥去柠檬外皮,除去种子后连带薄皮一
起放入搅拌器中。

4 将菠菜切成3cm左右的段后放入搅拌器
中。

5 注水,盖盖,启动搅拌器开关。搅拌细
腻后关掉开关,倒入杯中即可。

小贴士

带叶蔬菜的保存方法

●车前
在小瓶中放入少量的水,车前
叶子朝下倒着放进去,这样水
分可以得到补充,就能保存较
长时间。

●罗勒、薄荷
将厨房纸用水打湿后铺在保
鲜盒中,放上罗勒,再在上面
松松地盖上一张用水打湿的
厨房纸,盖上盖子,放入冰箱
蔬菜室内保存。

●鸭儿芹
在保鲜盒内倒入1cm左右的
水,将鸭儿芹放入,根儿要浸
泡在水中,盖上盖子,放入冰
箱蔬菜室中保存。鸭儿芹的香
味比较容易挥发掉,所以要尽
早食用。

橘子香蕉荷兰芹果汁

用手边常见的食材就可以轻松完成的一款蔬果汁。
味道偏甜，适合初学者。

材料（1人量/约500ml）

橘子·····················2个
香蕉·····················1根
荷兰芹···················3根（30g）
水·······················100ml

蔬果汁笔记

初次挑战的人，可以将芹菜茎去掉，这样味道会
更好。慢慢习惯后再连同芹菜茎一起使用。

制作方法

1　剥去橘子外皮，连带薄皮掰成两半后放入搅拌器中。

2　将香蕉两头切掉，剥去外皮，掰成大块后放入搅拌器中。

3　切掉荷兰芹茎，将叶子放入搅拌器中。

4　注水，盖盖，启动搅拌器开关。搅拌细腻后关掉开关，倒入杯中即可。

❄材料 （1人量/约500ml）

菠萝·······························¼个
香蕉·······························1根
洋芹·······························5cm（25g）
小松菜·····························1棵（30g）
水·································100ml

蔬果汁笔记

小松菜可以用菠菜、野油菜、青梗菜来代替。香蕉
完全成熟时的抗氧化能力是最强的，所以先将香
蕉挂起来催熟，当香蕉皮上出现糖点的时候再拿
来使用是最理想的。

🍴制作方法

1 剥去菠萝外皮，切成大块后放入搅拌器中。

2 将香蕉两头切掉，剥去外皮，掰成大块后放入搅拌器
中。

3 将洋芹切细后放入搅拌器中。

4 将小松菜切成3cm左右的段放入搅拌器中。

5 注水，盖盖，启动搅拌器开关。搅拌细腻后关掉开
关，倒入杯中即可。

★★☆
难易度

风味
黏稠

菠萝香蕉小松菜果汁

小松菜中铁和钙的含量都比菠菜要高。
菠萝和香蕉则可以很好地清理肠道。

芒果橙子荷兰芹果汁

芒果和橙子搭配在一起效果超群，即使原本有点苦味的荷兰芹也会变得好喝了。
荷兰芹中富含叶红素、维生素和铁等矿物质、膳食纤维。

材料 （1人量/约500ml）

芒果………………………………1个
橙子………………………………1个
荷兰芹……………………………1根（10g）
水…………………………………100ml

蔬果汁笔记

荷兰芹连茎一起放入的话营养价值会很高。慢慢
习惯之后可以逐渐增加荷兰芹的用量。意大利荷兰
芹苦味较少，推荐使用。

制作方法

1. 剥去芒果外皮，切成大块后放入搅拌器中。

2. 剥去橙子外皮，连带薄皮切成大块后放入搅拌器中。

3. 荷兰芹连茎一起放入搅拌器中。

4. 注水，盖盖，启动搅拌器开关。搅拌细腻后关掉开关，
   倒入杯中即可。

🍃材料 （1人量/约500ml）

苹果·······························½个
洋芹·······························½棵
水·······························100ml
猕猴桃·······························1个

蔬果汁笔记

刚开始就放入猕猴桃的话，种子会被粉碎从而释放出苦味，所以建议先将苹果和洋芹搅拌到一定程度后再放入猕猴桃。

🍹制作方法

1　苹果带皮，去除果核后切成大块放入搅拌器中。

2　将洋芹切细后放入搅拌器中。

3　注水，盖盖，启动搅拌器开关。

4　搅拌细腻后关掉开关。将猕猴桃果蒂处坚硬的部分去除，带皮切成大块后放入搅拌器中，再次盖盖启动搅拌器开关。

5　继续搅拌，感觉到猕猴桃种子不会被粉碎的程度时关掉开关，倒入杯中即可。

★☆☆
难易度

风味
清爽

苹果洋芹猕猴桃果汁

这款蔬果汁非常爽口。
慢慢习惯后可以将洋芹叶子也放进去，挑战一下！

猕猴桃苹果香蕉青梗菜果汁

苹果、香蕉、猕猴桃这个水果组合，无论跟什么蔬菜搭配都非常美味，而且是营养价值很高的完美组合。

风味
黏稠

材料 （1人量/约500ml）

猕猴桃·······················1个
苹果·························½个
香蕉·························1根
青梗菜·······················1棵
水··························100ml

制作方法

1. 将猕猴桃果蒂处坚硬的部分去除，连皮一起切成大块后放入搅拌器中。

2. 苹果带皮，去除果核后切成大块放入搅拌器中。

3. 将香蕉两头切掉，剥去外皮，掰成大块后放入搅拌器中。

4. 将青梗菜切成3cm左右的长度，放入搅拌器中。

5. 注水，盖盖，启动搅拌器开关。搅拌细腻，感觉猕猴桃的种子不会被粉碎为止，关掉开关，倒入杯中即可。

蔬果汁笔记

香蕉和苹果都比较软，很快就可以搅拌细腻，所以刚开始就将猕猴桃放进去也可以。还可以尝试一下青梗菜以外的蔬菜。

小贴士

排毒反应

开始饮用蔬果汁之后，有可能会出现头痛、尿频、流鼻水、疲倦感、长痘痘等一些排毒反应。这是去除体内积攒的毒素，并开始排泄而引起的症状。虽说正常情况下一般3~10天内这种症状就会消失，不过由于排毒反应和过敏反应以及其他病情等比较难区分和判断，所以如果出现以上这种不舒服的症状，请减少蔬果汁的饮用量和饮用频率。症状严重的话请到相关部门进行咨询。

关于过敏反应

有的人会对水果和蔬菜发生过敏反应。而且，像菠萝和猕猴桃等这种酶含量较多的水果，有的人吃完后嘴唇和嗓子会不舒服。食用加热后的水果一般不会出现过敏反应和不舒服的感觉，所以即使你之前没有过这种症状，也有可能在吃了生的水果后会发生。这种时候请停止使用引起过敏反应或者不舒服的水果，转而寻找其他合适的水果。另外，为了避免这种状况的发生，最好避免只持续饮用同一种蔬果汁。

葡萄香蕉菠菜果汁

两种甜味水果搭配上绿色蔬菜的完美组合，
可以很好地缓解身体疲劳。

学材料 （1人量/约500ml）

葡萄······························10粒
香蕉······························1根
菠菜······························1棵
水······························100ml

蔬果汁笔记

可以用小松菜、青梗菜和空心菜等来代替菠菜。
葡萄皮和葡萄籽中富含多酚成分，所以等习惯之
后最好连葡萄籽一起食用。

制作方法

1 葡萄带皮切成两半，取出葡萄籽后将果肉放入搅拌器中。

2 将香蕉两头切掉，剥去外皮，掰成大块后放入搅拌器中。

3 将菠菜切成3cm左右的长度，放入搅拌器中。

4 注水，盖盖，启动搅拌器开关。搅拌细腻后关掉开关，倒入杯中即可。

材料 （1人量/约500ml）

菠萝…………………………………¼个
嫩叶…………………………………½袋
水……………………………………100ml
猕猴桃………………………………2个

蔬果汁笔记

可以一次性获取到不同的蔬菜，非常方便。搅拌猕猴桃时要注意适度，保证猕猴桃的种子完整，这是重点。因为如果种子碎了的话会释放出苦味。可以先将菠萝搅拌细腻后，再放入猕猴桃进行搅拌。

制作方法

1 剥去菠萝外皮，切成大块放入搅拌器中。

2 嫩叶直接放入搅拌器中。

3 注水，盖盖，启动搅拌器开关。

4 搅拌细腻后关掉开关。将猕猴桃果蒂处坚硬的部分除掉，带皮一起切成大块后放入搅拌器中，再次盖盖并启动搅拌器开关。

5 搅拌细腻并且猕猴桃种子不会碎掉的状态时，关掉开关，倒入杯中即可。

★★☆
难易度

风味
清爽

菠萝嫩叶猕猴桃果汁

菠萝和猕猴桃这个组合无论跟什么蔬菜搭配都很合适。

香蕉番木瓜空心菜果汁

在水果当中，香蕉具有最高级的抗氧化作用，番木瓜则具有最高级的解毒作用。

★☆☆
难易度

风味
黏稠

材料 （1人量/约500ml）

香蕉·····························1根
番木瓜·························½个
酸橙·····························¼个
空心菜·························3根
水·······························100ml

蔬果汁笔记

空心菜和菠菜的味道相对较小，是一类比较容易被接受的蔬菜。这是一款淀粉含量比较多的蔬果汁，所以建议用勺子舀着吃。

制作方法

1. 将香蕉两头切掉，剥去外皮，掰成大块后放入搅拌器中。

2. 将番木瓜切成两半，用勺子将种子取出。剥去外皮，切成大块后放入搅拌器中。剥去酸橙外皮，剔除种子后连带薄皮一起放入搅拌器中。

3. 将空心菜切成3cm左右的长度，放入搅拌器中。

4. 注水，盖盖，启动搅拌器开关。搅拌细腻后关掉开关，倒入杯中即可。

🌿材料 （1人量/约500ml）

橙子·····························1个
蓝莓（可冷冻）·············½杯（约70g）
海枣（根据个人喜好）·········1个
小松菜·························1棵（35g）
罗勒叶子·······················5片
水·······························100ml

蔬果汁笔记

小松菜也可以用菠菜、青梗菜和野油菜来代替。罗勒可以用车前和薄荷代替，蓝莓可以用草莓代替，这样味道也不错。

🥄制作方法

1 剥去橙子外皮，连带薄皮切成大块后放入搅拌器中。

2 蓝莓直接放入搅拌器中（可以根据个人喜好放入一颗切半并除去种子的海枣）。

3 将小松菜切成3cm左右的长度，放入搅拌器中。

4 将罗勒叶子放入搅拌器中。

5 注水，盖盖，启动搅拌器开关。搅拌细腻后关掉开关，倒入杯中即可。

★★☆
难易度

风味
清爽

橙子蓝莓小松菜果汁

小松菜中的钙含量可与牛奶媲美。
将小松菜与蓝莓和橙子搭配在一起的蔬果汁。

洋梨酸橙洋芹果汁

洋梨中含有的天冬酰胺酸具有很好的缓解疲劳的功效，
非常适合累的时候喝上一杯。

★★☆
难易度

风味
清爽

（1人量/约500ml）

洋梨⋯⋯⋯⋯⋯⋯⋯⋯⋯⋯1个
酸橙⋯⋯⋯⋯⋯⋯⋯⋯⋯⋯¼个
洋芹⋯⋯⋯⋯⋯⋯⋯⋯⋯⋯½根
水⋯⋯⋯⋯⋯⋯⋯⋯⋯⋯100ml

1 洋梨去掉核后，带皮切成大块放入搅拌器中。

2 剥去酸橙外皮，剔除种子，连带薄皮放入搅拌器中。将洋芹切细后放入搅拌器中。

3 注水，盖盖，启动搅拌器开关。搅拌细腻后关掉开关，倒入杯中即可。

蔬果汁笔记

洋梨催熟后会比较甜，用熟透的洋梨做出来的蔬果汁会更好喝。

❀材料 （1人量/约500ml）

白桃·····················1个
橘子·····················1个
苹果·····················½个
青梗菜···················½棵
水·······················100ml

蔬果汁笔记

白桃要带皮使用，所以要将皮上细小的桃毛洗净。

🥄制作方法

1. 白桃带皮，将刀纵向切入，在搅拌器上方用刀将果肉从桃核上取下来，桃汁也一起滴到搅拌器中（桃核不放进去）。

2. 剥去橘子外皮，掰开后放入搅拌器中。苹果去除果核，带皮切成大块后放入搅拌器中。

3. 将青梗菜切成3cm左右的长度，放入搅拌器中。

4. 注水，盖盖，启动搅拌器开关。搅拌细腻后关掉开关，倒入杯中即可。

★★☆
难易度

风味
黏稠

白桃橘子苹果青梗菜果汁

这款蔬果汁的取材非常方便。每种水果都有略微的香味，调和在一起味道非常好。也非常适合小孩饮用。

苹果鳄梨罗马生菜果汁

这是一款非常滑腻而且非常耐饥饿的蔬果汁。

鳄梨胆固醇低，且含有优质的脂肪，非常适合搭配蔬菜和水果一起食用。

★★☆
难易度

风味
黏稠

🍎材料（1人量/约500ml）

苹果···½个
黄瓜···3cm
洋芹···5cm
柠檬···¼个
罗马生菜···································3片（40g）
水··100ml
鳄梨···½个

蔬果汁笔记

鳄梨搅拌过度的话会变得太绵软，味道不好，所以鳄梨要最后放入且要迅速地进行搅拌。鳄梨和苹果可以和各种各样的蔬菜搭配使用，所以也可以用小松菜、野油菜和青梗菜来代替罗马生菜。

🌷制作方法

1 苹果去除果核，带皮切成大块后放入搅拌器中。

2 将黄瓜和洋芹切细后放入搅拌器中。

3 剥去柠檬外皮，剔除种子，连带薄皮一起放入搅拌器中。将罗马生菜切成3cm左右的长度，放入搅拌器中。

4 注水，盖盖，启动搅拌器开关。

5 搅拌细腻后放入鳄梨，再次启动开关，搅拌30秒左右之后关掉开关，倒入杯中即可（如果鳄梨使得果汁过于黏稠可以加水调整）。

❀材料 （1人量/约500ml）

菠萝⋯⋯⋯⋯⋯⋯⋯⋯⋯⅛个
香蕉⋯⋯⋯⋯⋯⋯⋯⋯⋯½根
芒果⋯⋯⋯⋯⋯⋯⋯⋯⋯½个
菠菜⋯⋯⋯⋯⋯⋯⋯⋯⋯1棵
猕猴桃⋯⋯⋯⋯⋯⋯⋯⋯1个
水⋯⋯⋯⋯⋯⋯⋯⋯⋯⋯不需要

蔬果汁笔记

猕猴桃种子碎了的话会释放出苦味，所以要
最后放进去。菠菜也可以用青梗菜、小松菜
和空心菜来代替。

♟制作方法

1. 除去菠萝的外皮，切成大块后放入搅拌器中。香蕉剥去
外皮，掰成大块后放入搅拌器中。

2. 剥去芒果外皮，切成大块后放入搅拌器中。将菠菜切成
3cm左右的长度后放入搅拌器中。

3. 盖盖，启动搅拌器开关，搅拌细腻后关掉开关。将猕
猴桃果蒂处坚硬的部分去除，带皮切成大块后放入搅
拌器中。

4. 再次盖盖并启动开关，搅拌细腻且猕猴桃种子没有被粉
碎时关掉开关，倒入杯中即可。

菠萝香蕉芒果菠菜猕猴桃果汁

这款水果组合口感好，和很多蔬菜搭配效果都非常棒！

★☆☆
难易度

风味
黏稠

橙子芒果猕猴桃菠菜果汁

★☆☆
难易度

这是一款非常适合在盛夏饮用的热带风情蔬果汁。含有丰富的营养物质，可以预防中暑，还可以改善贫血。

风味
清爽

❀材料 （1人量/约500ml）

橙子·····························1个
芒果·····························½个
猕猴桃···························1个
柠檬·····························⅛个
菠菜·····························1棵
水·······························100ml

🍶制作方法

1 剥去橙子外皮，连带薄皮切成大块后放入搅拌器中。

2 剥去芒果外皮，切成大块后放入搅拌器中。

3 将猕猴桃果蒂处坚硬的部分去除，带皮切成大块后放入搅拌器中。

4 除掉柠檬外皮，并剔除种子，连带薄皮一起放入搅拌器中。

5 将菠菜切成3cm左右的长度，放入搅拌器中。

6 注水，盖盖，启动搅拌器开关。搅拌细腻后关掉开关，倒入杯中即可。

小贴士

告别便秘——雪莲果蔬果汁

开始饮用蔬果汁后，大部分人都是不再便秘，但是有的人却开始便秘。如果是开始便秘的话，建议添加富含低聚糖的雪莲果。虽然本书中没有使用，但是雪莲果中含有的果糖低聚糖正是益生菌存活所需要的饵料，可以调整肠内环境，非常适合用来制作蔬果汁！如果便秘非常顽固的话，可以尝试一下用雪莲果代替苹果加入到绿色蔬果汁中。随着时间变长，雪莲果中的低聚糖会逐渐被分解成葡萄糖，所以要趁着雪莲果新鲜的时候使用。如果一次用不完的话，可以将外皮上的泥土清洗干净，然后带皮切成大块后冷冻保存。因为外皮中富含多酚，所以要带皮使用。

菠萝猪毛菜猕猴桃鳄梨果汁

猕猴桃和猪毛菜中富含维生素C，鳄梨和车前中富含维生素E，
搭配使用能起到相辅相成的效果。

★★☆
难易度

风味
黏稠

（1人量/约500ml）

菠萝·······························¼个
猪毛菜·····························20g
车前·······························4片
水···························100ml
猕猴桃·····························2个
鳄梨·······························⅛个

蔬果汁笔记

菠萝和猕猴桃这个组合一起制作时，要先将菠萝
和蔬菜搅拌细腻后再放入猕猴桃进行搅拌。鳄梨
也是同样，如果搅拌过度会不好喝，所以要最后放
进去。

制作方法

1 菠萝去掉外皮，切成大块后放入搅拌器中。猪毛菜和车
前直接放入搅拌器中。

2 注水，盖盖，启动搅拌器开关。搅拌细腻后关掉开关。
将猕猴桃果蒂处坚硬的部分除掉，带皮切成大块放入搅
拌器中。

3 将鳄梨果核去除，剥去外皮后放入搅拌器中。再次盖盖
启动开关。继续搅拌至细腻且猕猴桃种子没有被粉碎的
时候关掉开关，倒入杯中即可。

🥬材料 （1人量/约500ml）

香蕉……………………………1根
蓝莓（可冷冻）………………1杯（约140g）
芜菁叶子………………………1棵的量（35g）
车前……………………………3片
水………………………………100ml

蔬果汁笔记

蓝莓可以缓解眼睛疲劳,香蕉则具有安神的效果。如果觉得芜菁茎的辣味太强可以只使用叶子部分。芜菁叶子具有分解致癌物质的功效。

🥤制作方法

1 将香蕉两头切掉，剥去外皮，掰成大块后放入搅拌器中。

2 将蓝莓直接放入搅拌器中。

3 将芜菁叶茎处坚硬的部分去除，再切成3cm左右的长度，放入搅拌器中。

4 车前用手撕一下放入搅拌器中。

5 注水，盖盖，启动搅拌器开关。搅拌细腻后关掉开关，倒入杯中即可。

香蕉蓝莓芜菁叶果汁

芜菁的叶子比根的营养价值还高，所以不要扔掉，可以拿来做蔬果汁。可以用车前的香味来做一下点缀。

★★☆
难易度

风味
黏稠

★★☆
难易度

风味
黏稠

猕猴桃香蕉
茼蒿果汁

茼蒿富含钙质,有很多食用方法。和水果
搭配在一起,出乎意料地非常美味!

材料 (1人量/约450ml)

猕猴桃	2个
香蕉	1根
茼蒿	3根(40g)
水	200ml

蔬果汁笔记

如果茼蒿茎太硬的话只使用叶子即可。新鲜
的茼蒿比较脆,容易折断,所以用水洗净后要
用厨房纸包一下放到塑料袋中保存,并尽早
用完。

制作方法

1. 将猕猴桃果蒂处坚硬的部分去除,带皮切成大块后放入搅拌器中。

2. 将香蕉两头切掉,剥去外皮,掰成大块后放入搅拌器中。

3. 将茼蒿切成3cm左右的长度,放入搅拌器中。

4. 注水,盖盖,启动搅拌器开关。

5. 搅拌细腻且猕猴桃种子不会破碎为止,关掉开关,倒入杯中即可。

🌸材料 （1人量/约500ml）

葡萄……………………………10粒
菠萝……………………………⅛个
空心菜…………………………3根
水………………………………100ml

蔬果汁笔记

如果搅拌器搅拌力度小的话，葡萄皮不容易被搅拌细腻，所以最开始的时候可以将葡萄皮剥掉，或者好好咀嚼后再喝。刚开始不习惯，可以只用空心菜的叶子，茎的口感不错，推荐用来制作蔬菜沙拉。

🍴制作方法

1 葡萄带皮切成两半，去除葡萄籽后放入搅拌器中。

2 剥去菠萝的外皮，切成大块后放入搅拌器中。

3 将空心菜切成3cm左右的长度，放入搅拌器中。

4 注水，盖盖，启动搅拌器开关。搅拌细腻后关掉开关，倒入杯中即可。

★★☆
难易度

风味
清爽

葡萄菠萝
空心菜果汁

空心菜苦味和怪味较少，比较容易被接受，而且铁含量丰富，是一种非常有营养的蔬菜。

★★☆
难易度

风味
黏稠

菠萝芒果青梗菜
生姜果汁

这是一款黏稠类蔬果汁。生姜有点辣辣的感觉。

🥬材料 （1人量/约500ml）

菠萝	¼个
芒果	½个
青梗菜	½棵
生姜	少许
水	100ml

蔬果汁笔记

青梗菜中钙和铁等矿物质含量较高，是一款非常有营养价值的蔬菜。没有什么特别的味道，即使多放点也比较容易接受。

🥄制作方法

1. 剥去菠萝外皮，切成大块后放入搅拌器中。剥去芒果外皮，切成大块后放入搅拌器中。

2. 将青梗菜切成3cm左右的长度，放入搅拌器中。

3. 将生姜切成碎末后放入搅拌器中。

4. 注水，盖盖，启动搅拌器开关。搅拌细腻后关掉开关，倒入杯中即可。

❀材料 （1人量/约500ml）

菠萝……………………………⅛个
白桃……………………………½个
梨………………………………¼个
香蕉……………………………½根
小松菜…………………………1棵
水………………………………不需要

蔬果汁笔记

如果使用之前剩下的水果做蔬果汁，要考虑到
消化的因素，建议最多使用4种水果。还要避免
太酸和太甜的水果一起用。

🥄制作方法

1 剥去菠萝外皮，切成大块后放入搅拌器中。白桃带皮，
切成两半，去除桃核后切成大块放入搅拌器中。

2 梨带皮，去除核后切成大块放入搅拌器中。香蕉剥去外
皮，掰成大块放入搅拌器中。

3 将小松菜切成3cm左右的长度后放入搅拌器中。

4 盖盖，启动搅拌器开关。搅拌细腻后关掉开关，倒入杯
中即可。

菠萝白桃梨
香蕉小松菜果汁

这款蔬果汁使用了4种水果，极其奢华。
等慢慢习惯之后可以尝试用不同的水果和蔬菜进行搭配组合。

★☆☆
难易度

风味
黏稠

香蕉野油菜果汁

香蕉具有很好的抗氧化作用，罗勒则具有提高集中注意力的功效，
香蕉的甜味和罗勒的香味搭配在一起，是一款非常清爽的蔬果汁。

材料 （1人量/约500ml）

香蕉·······························1根
柠檬·······························¼个
野油菜····························1棵（40g）
罗勒叶子··························5片
水·······························100ml

蔬果汁笔记

野油菜中富含水溶性维生素，建议直接生吃。
跟所见到的外表不同，它其实还富含叶绿素。
罗勒可以用薄荷和紫苏代替，柠檬可以用酸橙
代替，野油菜则可以用小松菜、青梗菜和菠菜
等代替。

制作方法

1. 切掉香蕉两头，剥去外皮，掰成大块后放入搅拌器中。

2. 剥去柠檬外皮，除掉种子，连带薄皮一起放入搅拌器中。

3. 将野油菜切成3cm左右的长度，放入搅拌器中。罗勒叶子直接放进去即可。

4. 注水，盖盖，启动搅拌器开关。搅拌细腻后关掉开关，倒入杯中即可。

❀材料 （1人量/约500ml）

香蕉·····························1~2根
柠檬（或酸橙）·················¼个
生菜·····························3片（45g）
水·····························100ml

蔬果汁笔记

生菜中含有维生素、矿物质和膳食纤维，非常均衡。可以用金黄色生菜和罗马生菜等各种各样的生菜来制作。慢慢习惯之后可以用比较浓绿的带叶蔬菜（菠菜和小松菜等）来代替。

❀制作方法

1 将香蕉两头切掉，剥去外皮，掰成大块后放入搅拌器中。

2 剥去柠檬外皮，除掉种子，连带薄皮一起放入搅拌器中。

3 将生菜撕成大块后放入搅拌器中。

4 注水，盖盖，启动搅拌器开关。搅拌细腻后关掉开关，倒入杯中即可。

香蕉生菜果汁

虽然简单但是比较容易喝，
比较适合刚开始喝绿色蔬果汁的人。

★☆☆
难易度

风味
黏稠

橘子苹果柚子野油菜狝猴桃果汁

这款蔬果汁可以预防感冒,使用的食材在冬天也能很方便地采购到。柚子的味道非常清香爽口。

风味
清爽

材料 （1人量/约500ml）

橘子…………………………1个
苹果…………………………½个
柚子…………………………¼个
野油菜………………………½棵
水……………………………100ml
狝猴桃………………………1个

制作方法

1. 剥去橘子外皮,掰开后放入搅拌器中。苹果带皮,去除核后切成大块放入搅拌器中。

2. 将柚子分成4等份,剔除种子,连带外皮一起放入搅拌器中。将野油菜切成3cm左右的长度后放入搅拌器中。

3. 注水,盖盖,启动搅拌器开关。搅拌细腻后关掉开关。将狝猴桃蒂处坚硬的部分除掉,带皮切成大块后放入搅拌器中。

4. 再次盖盖,启动搅拌器开关。搅拌细腻后关掉开关,倒入杯中即可。

蔬果汁笔记

柚子外皮不苦,所以可带皮使用。野油菜的解毒作用和造血功效都很值得期待。

小贴士

冬季蔬果汁

印象中,天气冷的时候喝果汁容易让身体变得更冷,但其实也可以通过摄取水果和蔬菜来改善血液循环,提高身体温度。这里介绍一下让你如何在冬季里享用蔬果汁。

- 使用秋、冬季节的当季水果和蔬菜。当季的带叶蔬菜甜味会多一些,会更好喝。
- 可以将组合中的柠檬和酸橙用柚子和金橘等代替。
- 不要用冰箱冷藏的食材,尽量用常温下的食材。
- 减少用水量,做成浓度大的蔬果汁（这样吃起来比较慢,在咀嚼的过程中就会变得温暖,身体不容易变冷）。
- 加入可提升人体温度的调味料,比如肉桂和生姜粉（参考第14页,切碎的生姜也可以）等。
- 将起床后喝的柠檬水换成没有咖啡因的香茶或白开水。

苹果香蕉洋芹
青梗菜果汁

这款蔬果汁有着柔和的香甜味，混合着洋芹少许的香气。
青梗菜是一种营养价值很高的黄绿色蔬菜。

原材料 （1人量/约500ml）

苹果·······························½个
香蕉·······························1根
洋芹·······························5cm
青梗菜·······························½根
水·······························100ml

蔬果汁笔记

青梗菜比较脆，容易折断，如果2~3天内
用不完可以切成大块放到塑料袋中冷冻
保存。

制作方法

1. 苹果带皮，除掉核后切成大块放入搅拌器中。

2. 将香蕉两头切掉，剥去外皮，掰成大块后放入搅拌器中。

3. 将洋芹切细后放入搅拌器中。将青梗菜切成3cm左右的长度，放入搅拌器中。

4. 注水，盖盖，启动搅拌器开关。搅拌细腻后关掉开关，倒入杯中即可。

❀材料 （1人量/约500ml）

葡萄···································20粒
黄瓜································½根
菠菜································1棵（40g）
鸭儿芹·····························4棵（10g）
猕猴桃······························1个
水·································100ml

❀制作方法

1. 葡萄带皮切成两半，去除葡萄籽后放入搅拌器中。将黄瓜切成大块后放入搅拌器中。

2. 将菠菜切成3cm左右的长度后放入搅拌器中。鸭儿芹也是同样切成段，放入搅拌器中。

3. 盖盖，启动搅拌器开关，搅拌细腻后关掉开关。

4. 将猕猴桃果蒂处坚硬的部分除掉，带皮切成大块后放入搅拌器中，再次盖盖启动开关。

5. 搅拌细腻且猕猴桃种子没被粉碎的时候关掉开关，倒入杯中即可。

★★★
难易度

风味
清爽

葡萄黄瓜菠菜
猕猴桃果汁

想喝一杯清爽的蔬果汁吗？就是这款了。
猕猴桃的酸味会带来持久的美味。

菠萝香蕉草莓菠菜香菜果汁

香菜可以排除体内的重金属，是一种非常好的香草。
和甜味水果搭配在一起味道很棒。

🌸材料 （1人量/约500ml）

菠萝	¼个
香蕉	1根
草莓	6个
嫩菠菜	1袋（40g）
香菜	1根
水	100ml

蔬果汁笔记

香菜的味道比较大，所以刚开始的时候可以
先用一根，等习惯之后再增加用量。如果香
菜有剩余的话，参考第47页中鸭儿芹的保存
方法进行保存。嫩菠菜的味道会稍小，最适
合做蔬果汁。当然也可以用普通的菠菜。可
以通过改变水果的分量来感受不同的美味。

🥄制作方法

1 剥去菠萝外皮，切成大块后放入搅拌器
中。

2 将香蕉两头切掉，剥去外皮，掰成大块
后放入搅拌器中。

3 草莓带蒂一起放入搅拌器中。

4 将嫩菠菜切成3cm左右的长度放入搅拌
器中。

5 香菜直接放入即可。

6 注水，盖盖，启动搅拌器开关。搅拌细
腻后关掉开关，倒入杯中即可。

小贴士

蔬果汁+α →减肥成功

想要通过喝蔬果汁变瘦的人，不能
只依靠蔬果汁，还要进行运动。通
过增强体力来提高身体基础代谢
能力，从而使身体变成易瘦体质。
上午带着蔬果汁外出徒步效果非
常棒！早上起来晒晒太阳，会使身
体分泌15个小时左右的睡眠荷尔蒙
（褪黑激素），从而使人更容易入
睡。人体睡眠期间细胞会不断更
新和排出废弃物。也就是说，深度
睡眠会对减肥有帮助。为了有更好
的睡眠效果，早上起来晒晒太阳
吧。

苹果柠檬与
带叶蔬菜的精华部分搭配的果汁

苹果和柠檬,再搭配上5种带叶蔬菜的精华部分。
等习惯绿色蔬果汁之后一定要尝试下这一款。

★★★　　　　风味
难易度　　　　清爽

材料 （1人量/约500ml）

苹果	½个
洋芹	½根
菠菜	1棵
香菜、荷兰芹	各1根
罗马生菜	2片
柠檬	¼个
水	100ml

蔬果汁笔记

水果和蔬菜的比例为2∶8。用蔬菜精华部分做成的蔬果汁如果好喝,那将会有一系列的蔬果汁产生。可以参考第44页,根据自己的喜好选择带叶蔬菜进行搭配,品尝不同的美味。

制作方法

1. 苹果带皮,除掉核后切成大块放入搅拌器中。洋芹切细后放入搅拌器中。

2. 将菠菜、香菜和罗马生菜都切成3cm左右的长度,放入搅拌器中。

3. 荷兰芹连茎一起放入搅拌器中。柠檬剥去外皮剔除种子后连带薄皮一起放入搅拌器中。

4. 注水,盖盖,启动搅拌器开关。搅拌细腻后关掉开关,倒入杯中即可。可以根据个人喜好适当加点冰块（标准分量外的）。

🌿材料 （1人量/约500ml）

菠菜……………………………2棵（60g）
鸭儿芹……………………………2棵
车前……………………………5片
荷兰芹……………………………2根（20g）
柠檬……………………………¼个
水……………………………200ml
冰块（根据个人喜好）………适量

🥄制作方法

1 将菠菜和鸭儿芹切成3cm左右的长度，放入搅拌器中。车前直接放入即可。

2 将荷兰芹连茎一起掰一下放入搅拌器中。剥去柠檬外皮，剔除种子，连带薄皮一起放入搅拌器中。

3 注水，盖盖，启动搅拌器开关。搅拌细腻后关掉开关，倒入杯中即可。根据个人喜好可以加点冰块。

只用带叶蔬菜精华部分调制的蔬菜汁

不用水果，只用蔬菜亲手制作的绿色蔬菜汁。

蔬果汁笔记

这款蔬果汁水的用量要多一些。蔬菜一定要不断变换着用，不能长期连续只用同一种。如果不好喝可以加点冰块。

★★★
难易度

风味
清爽

使用蔬菜制作蔬菜汁

这里要介绍的是除了带叶蔬菜外，用红辣椒和西红柿等蔬菜来制作蔬菜汁的方法。

红辣椒中富含维生素C，且具有很强的抗氧化作用。

苹果香蕉黄辣椒蔬果汁

材料 （1人量/约500ml）

苹果······························1个
香蕉······························1根
黄辣椒····························¼个
水································100ml

制作方法

1 苹果带皮，除掉核后切成大块放入搅拌器中。

2 将香蕉两头切掉，剥去外皮，掰成大块后放入搅拌器中。

3 将黄辣椒竖着切成两半，去掉种子和蒂后切成大块放入搅拌器中。

4 注水，盖盖，启动搅拌器开关。搅拌细腻后关掉开关，倒入杯中即可。

★★☆
难易度

风味
清爽

蔬果汁笔记

在日本，像辣椒和西红柿等这种以果实形状存在的被分为蔬菜类，而在蔬果汁的发源地美国，它们则被分为水果类。

虽然不用水，但是口感爽滑，是一款可以喝的沙拉。

葡萄柚西红柿生菜蔬果汁

🧄 材料 （1人量/约500ml）

葡萄柚……………………1个
西红柿……………………1个
生菜………………………1片
荷兰芹……………………3根
水…………………………不需要

🥄 制作方法

1 将葡萄柚外皮剥掉，连带薄皮
切成大块，去掉种子后放入搅
拌器中。

2 去掉西红柿的果蒂，切成块状后
放入搅拌器中。

3 将生菜切成3cm左右的长度放入
搅拌器中。荷兰芹带茎一起放入
搅拌器中。

4 盖盖，启动搅拌器开关，搅拌细
腻后关掉开关，倒入杯中即可。

蔬果汁笔记

西红柿和葡萄柚组合具有美肤的效果和
预防癌症的功效。即使只用这两种食材
味道也非常棒。

★★☆
难易度

风味
清爽

想要口味更甜

味蕾细胞更新一次一般需要3周的时间，在这期间内不要使用甜味料，持续喝原味蔬果汁。如果实在是想要带点甜味的话，推荐使用如下方法。

① 用熟透的香蕉提升甜味！

本书中介绍蔬果汁制作时使用的香蕉都是催熟后并且出现糖点（黑色斑点）的。这样就可以用自然的甜味让蔬果汁变甜。如果想要口味更甜一点的话，可以先将香蕉挂在香蕉房的台子上，等到香蕉皮变得乌黑的时候取下来加入到蔬果汁中可以增加甜味。剥去外皮放入保鲜盒中，用叉子捣碎后冷冻保存，想要增加甜味的时候直接拿出来用，非常方便。用1~2大勺即可。

② 用手工制作的海枣酱提升甜味

将做好的海枣酱放在冰箱中冷藏，想要增加甜味的时候，取一点加入到已经制作好的蔬果汁中调节整体的甜度。手工制作的海枣酱放入保存容器中后，可以在冰箱中存放1~2周的时间。

海枣酱的制作方法

材料 （比较容易做的分量）

干海枣·······················1杯（约170g）
香料精···················· 个人喜好的分量
水································· 100ml

制作方法

1 将去除种子后的干海枣和香料精一起放入搅拌器中。

2 注水，盖盖，启动搅拌器开关。搅拌细腻后关掉开关即可。

第三章

可以吃的蔬果汁

EAT SMOOTHIE

无花果香蕉布丁

想要吃点稍微甜的食物时，推荐这款布丁。
无花果不容易存放，所以想要尽快吃完的时候可以拿来做这款布丁。

材料 （1人量/约200ml）

无花果·····················2个
香蕉·······················1根
柠檬·······················¼个
装饰用材料
肉桂和肉豆蔻（根据个人喜好）···适量
喜欢的水果和薄荷················适量

制作方法

1 将无花果坚硬的部分除掉，掰成两半后放入搅拌器中。

2 将香蕉两头切掉，剥去外皮，用手掰成大块后放入搅拌器中。

3 剥去柠檬外皮，去除种子后连带薄皮一起放入搅拌器中。

4 盖盖，启动搅拌器开关，搅拌细腻后关掉开关，倒入容器中。

5 可以根据个人喜好撒上点肉桂和肉豆蔻，还可以在上面放点水果和薄荷叶作为点缀。

蔬果汁笔记

即使不用完全搅拌细腻味道也很可口，所以请根据自己的喜好选择合适的时间关掉搅拌器开关。制作布丁要用到搅拌器的flash功能，转动的同时可以随时关掉开关，用刮刀将飞散到侧面的部分刮下来，这样才能更好的搅拌。

小贴士

体重总减不下去的停滞期

由于女性的生理周期，荷尔蒙平衡也会出现一个波动，所以显而易见也会有一个时期体重是减不掉的。这时候千万不要着急，因为这就是所谓的停滞期，能认识到这点非常重要。特别是在生理期前和生理期的时候比较难瘦，所以减肥要等生理期结束后再开始。如果停滞期持续时间较长的话，可以试试一天中只吃蔬果汁这种办法。这样的话，就不会摄取到添加物、油、糖和动物性食品等物质，从而促进身体排毒，身体中没有用的东西是不会消耗能量的，而代谢则可以消耗身体的能量，这样就容易变瘦了。

白桃水果布丁

白桃具有降血压和降低胆固醇的作用，还有抗氧化和调整肠道的作用。樱桃则具有促进快速睡眠的功效。

材料 （1人量/约350ml）

白桃……………………………1个
柠檬……………………………⅛个
水………………………………50ml
装饰用材料
自己喜欢的水果
（樱桃、香蕉和蓝莓等）………适量

制作方法

1 白桃带皮，沿着桃核的方向下刀切入，在搅拌器上方用刀将果肉从桃核上取下来，连汁一起放入搅拌器中（桃核不放进去）。剥去柠檬外皮，除掉种子，连带薄皮一起放入搅拌器中。

2 注水，盖盖，启动搅拌器开关。搅拌细腻后关掉开关，倒入容器中即可。

3 将樱桃茎和核去掉后，切成两半，香蕉则切成方便食用的片状，再加上蓝莓一起放在上面作为点缀。

蔬果汁笔记

白桃要带皮使用，因为有桃毛，所以要仔细洗干净后再用。还可以用冰块代替水，这样就可以制作冰布丁了。

🍴材料 （1人量/约200ml）

草莓·····························8个
鳄梨·····························½个
海枣·····························1个
水·······························不需要

装饰用材料

草莓·····························适量
薄荷叶子·························适量

🥄制作方法

1️⃣ 草莓带蒂一起放入搅拌器中。

2️⃣ 将鳄梨的种子和外皮去掉后放入搅拌器中。

3️⃣ 将海枣切成两半，去掉种子后放入搅拌器中。

4️⃣ 盖盖，启动搅拌器开关，搅拌细腻后关掉开关，倒入容器中即可。

5️⃣ 放上草莓和薄荷叶子作为点缀。

蔬果汁笔记

除了草莓以外，猕猴桃、蓝莓、芒果等水果也可以。

草莓鳄梨布丁

这款布丁可以不用搅拌器，直接用叉子捣碎就可以制作。
鳄梨布丁也可以做成很多口味。

菠萝芒果草莓水果布丁

这款布丁汇集了世界三大水果之一的芒果，有利于肠胃健康的菠萝和具有美肤效果的草莓，是一款外形也特别可爱的甜点布丁。

材料 （1人量/约350ml）

菠萝·····················¼个
芒果·····················½个
草莓·····················5个
水·······················50ml

装饰用材料

草莓·····················3个
菠萝、芒果···············分别适量

制作方法

1. 剥去菠萝外皮，切成大块后放入搅拌器中。

2. 剥去芒果外皮，去核切成大块后放入搅拌器中。草莓带蒂一起放入搅拌器中。

3. 注水，盖盖，启动搅拌器开关，搅拌细腻后关掉开关，倒入容器中即可。

4. 将草莓、菠萝和芒果切成0.5cm的小块后放在上面作为点缀。

蔬果汁笔记

将菠萝、芒果和草莓切成大块，冷冻后再用，这样可以做成一款冰激凌甜点。

芒果…………………………½个
香蕉…………………………½根
柠檬…………………………¼个
猪毛菜………………………20g
水……………………………不需要
装饰用材料
猕猴桃………………………½个
猪毛菜………………………适量

制作方法

1. 剥去芒果外皮，切成大块后放入搅拌器中。香蕉剥去外皮，掰成大块后放入搅拌器中。

2. 剥去柠檬外皮，去掉种子后连带薄皮一起放入搅拌器中。猪毛菜直接放入即可。

3. 盖盖，启动搅拌器开关。搅拌细腻后关掉开关，倒入容器中即可。

4. 将猕猴桃和猪毛菜切成0.5cm的小块放在上面作为点缀。

蔬果汁笔记

可以将芒果和香蕉冷冻后使用，这样做出来的冰布丁非常适合夏天的时候食用。

芒果香蕉猪毛菜布丁

这款布丁制作时不用加水。使用的猪毛菜被称作"陆地上的海藻"，含有丰富的矿物质。

加入特拉华葡萄的
绿色布丁

在香蕉和蔬菜的组合中再加入代替木薯粉的特拉华葡萄粒。

材料 （1人量/约350ml）

香蕉·······························1根
青梗菜························½棵（80g）
特拉华葡萄粒·······················20粒
水·······························100ml

装饰用材料
特拉华葡萄粒·······················20粒

蔬果汁笔记

将水果放在上面装饰，可以让你养成仔细咀嚼的习惯。青梗菜还可以用菠菜和空心菜来代替。将一半的水用冰块来代替的话可以做成冰布丁。

制作方法

1. 将香蕉两头切掉，剥去外皮，掰成大块后放入搅拌器中。

2. 将青梗菜切成3cm左右的长度后放入搅拌器中。将特拉华葡萄粒上的茎去掉，带皮直接放入搅拌器中。

3. 注水，盖盖，启动搅拌器开关。搅拌细腻后关掉开关，倒入容器中即可。

4. 点缀用的特拉华葡萄粒要将葡萄皮剥掉再用。

材料 （1人量/约350ml）

西红柿·····················1个
青椒·······················1个
洋芹·······················10cm
红洋葱（切碎）···········1小勺
胡萝卜·····················¼根
柠檬·······················⅛个
罗勒叶子···················6片
水·························100ml

装饰用材料

黑胡椒和辣椒粉等（根据个人喜好）　适量
小西红柿···················2个
红洋葱（切碎）···········少许
罗勒叶子···················2片

制作方法

1. 去掉西红柿的蒂，切成大块后放入搅拌器中。青椒去掉种子后切成大块放入搅拌器中。

2. 将洋芹和红洋葱切细，胡萝卜切碎，一起放入搅拌器中。

3. 剥去柠檬外皮，去掉种子，连带外皮一起放入搅拌器中。罗勒叶子直接放进去。注水，盖盖，启动搅拌器开关。

4. 搅拌细腻后关掉开关倒入容器中。可以根据个人喜好撒上点黑胡椒和辣椒粉等。

5. 用切成4等份的小西红柿、红洋葱末和罗勒叶子放在上面作为点缀。

蔬果汁笔记

西班牙冷汤很多时候使用黄瓜和西红柿一起制作，不过由于黄瓜中含有的酶会破坏维生素C，所以这里不用。如果搅拌器不容易转动的话可以适当地添一点水。如果是过了中午再吃的话，建议滴点橄榄油进去。

可以吃的西班牙冷汤式蔬果汁

将夏季代表性的冷汤做成蔬果汁。用洋芹来增加蔬果汁的咸味。

菠萝芒果香菜汁

热带水果和香菜搭配在一起别具民族风情。
香菜可以排除体内积累的重金属。

材料 （1人量/约350ml）

菠萝····················¼个
香菜····················1根
洋芹····················5cm
水·····················50ml
装饰用材料
芒果····················½个
香菜····················适量

制作方法

1. 菠萝去除外皮，切成大块后放入搅拌器中。将香菜切成3cm左右的长度后放入搅拌器中。洋芹切碎后放入搅拌器中。

2. 注水，盖盖，启动搅拌器开关。搅拌细腻后关掉开关，倒入容器中即可。将芒果切成2cm的小块放在上面，最后放上香菜点缀一下。

蔬果汁笔记

如果不太能接受香菜的味道，可以减少一下香菜的用量。将剩下的香菜根埋在土里的话它还可以继续生长。洋芹搅拌到有嚼劲的程度时非常好喝。

材料 （1人量/约350ml）

葡萄柚…………………………½个
意大利荷兰芹…………………10g
鳄梨…………………………½个
水………………………………不需要
装饰用材料
葡萄干…………………………1大勺
荷兰芹…………………………少许

蔬果汁笔记

葡萄干可以补充矿物质铁。除了意大利荷兰芹外，也可以用芝麻菜和水田芥。鳄梨搅拌过度会不好喝，所以要先将葡萄柚和荷兰芹搅拌好之后，再放入鳄梨进行搅拌。

制作方法

1 剥去葡萄柚外皮，连带薄皮切成大块，去掉种子后放入搅拌器中。

2 意大利荷兰芹直接放入搅拌器中。

3 盖盖，启动搅拌器开关。搅拌细腻后关掉开关。

4 将去掉外皮和种子的鳄梨放入搅拌器中，再次盖盖启动搅拌器开关。搅拌细腻后关掉开关，倒入容器中即可。

5 将泡好的葡萄干和切成小块的荷兰芹撒在上面作为点缀。

葡萄柚鳄梨酸汤汁

葡萄柚具有很好的瘦身效果，鳄梨则有"食用美容液"的称呼，
这款果汁非常有名而且与众不同。

香蕉鳄梨巧克力慕斯

在减肥遇到挫折的时候非常有帮助。
卡路里非常低，一杯只有150千卡左右，但却是一款香甜可口的甜点。

🍴材料 （1人量/约200ml）

香蕉·······························½根
鳄梨·······························¼个
蓝莓（可冷冻）··············¼杯（约35g）
海枣·······························½个
生可可粉·····················2大勺
香草精·······················¼小勺
水·····························50ml

装饰用材料
香蕉、蓝莓······················各适量
薄荷叶子·························适量

🥄制作方法

1 剥去香蕉外皮，掰成大块后放入搅拌器中。

2 去掉鳄梨的外皮和种子，然后放入搅拌器中。蓝莓直接放入即可。

3 海枣掰成两半，去掉种子后放入搅拌器中。

4 将生可可粉、香草精放入搅拌器中。

5 一点点加水，盖盖，启动搅拌器开关。搅拌细腻后关掉开关，倒入容器中即可。

6 可以根据自己的喜好，将切成薄片的香蕉、蓝莓和薄荷叶子放在上面作为点缀。

蔬果汁笔记

早上喝蔬果汁的目的就是为了排毒，所以最好避开含有咖啡因的可可，这里介绍的是既简单又好喝的制作方法。如果用电动式食品调理机就不要加水了。海枣还可以用1~2大勺槭糖浆来代替。蓝莓也可以用橙子来代替，同样非常美味。

小贴士

减肥中的注意事项

通过饮用蔬果汁减肥时建议减少食用加工食品和精制食品的次数，还要避开4类食品，肉类、油类、砂糖和小麦粉等精制食品、乳制品。随着蔬果汁的持续饮用，味觉会变得越来越敏感，比起之前食用的味道非常重的加工食品，会更自然地选择一些味道较淡且更健康的食物。而且，在蔬果汁减肥过程中，像含有咖啡因的咖啡和红茶以及酒精和香烟等最好都避开，这样减肥效果会更好。

减肥成功的要诀

● 不自觉又吃多的原因

任何人都会有吃多的时候。那首先要先考虑一下为什么总是吃多。

营养不足

身体所需要的营养成分不足时会吃东西。也就是说，如果只吃那种营养价值低且热量很高的食品，吃多少也不会有饱腹感。蔬果汁的话可以使水果和蔬菜中的营养成分被充分获取，这样就可以解决营养不足的问题了。

睡眠不足

当睡眠不足的时候，身体会很疲劳，所以会从外界获取一些营养，比较倾向于吃一些高热量的食物。如果晚上太晚进食，胃里的食物得不到及时消化从而堆积，这也是导致睡眠不足的原因。如果持续食用过量，可以将晚餐替换成容易消化的蔬果汁，这样可以让内脏充分休息调整，有助于熟睡。

食物搭配不合理

碳水化合物和蛋白质一起食用会导致消化吸收不良。结果就会产生废弃物且堆积在体内，这也是肥胖的原因。这样身体会更需要营养，从而导致食用过量。本书中介绍的蔬果汁都充分考虑了食物的构成搭配，对食用过量有很好的预防效果。

● 减肥过程中的注意事项

如果想要在较短的时间内成功减肥的话，注意养成以下习惯，这非常重要。

① 改善日常饮食习惯

如果对早饭和午饭太过限制的话，到了晚上会总想吃东西，特别容易到便利店等地方去买些甜的点心来吃。将早饭用蔬果汁来替代，养成这个习惯后就可以不用限制午饭和晚饭了，不过也要尽量以蔬菜为主，避开零食和市场上出售的甜点心，而选择水果和坚果等。

② 注意饮食时间段

上午是排泄时间。所以要避开厚重的饮食，选择蔬果汁和水果，并且多喝水。中午到晚上八点是摄取和消化的时间。在这个时间段内要好好吃饭。建议多吃一些生蔬菜和水果。晚上八点以后是吸收和利用的时间。为了不让胃里有残留的食物而影响睡眠，请记住这段时间内就不要再吃东西了。

③ 用健康的食物代替以往的食物

将自己之前吃的食物逐渐地替换成更健康的食物。比如说，将白米换成糙米和五谷杂粮，精制面包换成全麦面包，白砂糖换成槭糖浆或蜂蜜，色拉油换成橄榄油，牛肉和猪肉换成鸡肉等。乳制品尽量不要食用，但是如果喝牛奶的话注意不要过量，少量的黄油和奶酪也没关系。

第四章
蔬果汁大改造
REMAKE SMOOTHIE

鹰嘴豆咖喱

将剩下的绿色蔬果汁改造成咖喱饭，非常简单而且不费时间。

材料 （1人分）

绿色蔬果汁······················100ml
胡萝卜··························¼根
洋葱····························¼个
熟芝麻··························1大勺
咖喱粉··························1小勺
盐······························¼小勺
鹰嘴豆（煮熟的、罐头的都可以）
································1杯（约100g）
酱油····························少许
柠檬汁··························⅛个量
橄榄油··························1大勺

制作方法

1 用平底锅将橄榄油加热，放入切碎的胡萝卜和切成薄片的洋葱，翻炒出香味且变得透明后再用小火继续炒。

2 放入熟芝麻、咖喱粉和盐全部搅拌均匀，再加上绿色蔬果汁煮开。

3 加入沥干水分的鹰嘴豆后充分混合，待鹰嘴豆全部被加热后，滴入一滴酱油，并将柠檬汁挤入即可。

蔬果汁笔记

如果是用干的鹰嘴豆，一杯豆子需要用3倍的水提前一晚浸泡好，变软后再煮熟。带着汤汁分成几小部分冷冻起来，这样比较方便使用。

小贴士

持续享用蔬果汁的秘诀

这里介绍一下可以持续享用蔬果汁的秘诀。

● 尝试着使用一些新的食材

如果持续每天都只饮用同一种蔬果汁的话，无论味觉还是身体都会厌倦。可以试着挑战一下从没吃过的水果和带叶蔬菜等新食材。

● 建立蔬果汁伙伴

可以互相交换自己的菜单，相互分享自己的减肥历程，这样能让你更快乐的继续下去。而且，遇到挫折的时候还可以相互鼓励加油。

● 仔细倾听身体的声音

仔细倾听自己身体的声音，这样就可以把握身体当天的状况，从而知道自己应该吃什么，吃多少最合适。或许也不会再出现吃太多和喝太多的状况发生了。

● 享受食材的味道

想通过蔬果汁减肥的话，并不是说带叶蔬菜用的越多瘦的越快。用蔬果汁减肥的目的是让你在持续快乐地享受这份美味的时候，无意间发现已经减到了目标体重。不要放太多蔬菜然后勉强自己喝下去，而是调成自己觉得好喝的程度，通过这样的方法来减肥。

奇雅子布丁

如果剩下水果汁的话,可以加上点具有超级食物之称的奇雅子,就改造成一款黏稠的甜点了。

🥄 材料 (1人量)

水果汁·····························60~70ml
槭糖浆·····························1小勺（根据个人喜好）
奇雅子·····························1小勺

蔬果汁笔记

使用的水果汁不同,甜味也不同,可以通过增减槭糖浆的量来调整。

🥄 制作方法

1 在水果汁中加入槭糖浆和奇雅子并混合好，放在冰箱中冷藏20分钟左右。

2 待奇雅子中含有水分，整体发泡好形成布丁状后就完成了。

材料 （1人量）

水果汁·····················适量
槭糖浆·····················1~2大勺
装饰用材料
自己喜欢的水果和薄荷叶子···适量

蔬果汁笔记

如果有电动式食品调理机的话，可以先用制冰机将水果汁冷冻，然后用电动式食品调理机搅拌细腻即可，非常简单。

制作方法

1. 根据自己的喜好在水果汁中加入适量的槭糖浆，然后充分混合调整好味道。

2. 将第一步中的水果汁倒入平盘中，放在冰箱里冷冻使其固化。

3. 在完全固化之前先从冰箱中取出来，用叉子搅拌使里面混入空气，然后再继续冷冻。

4. 一直重复第三步操作，直到整体变成刨冰状。然后盛入已经冰好的容器中，最后再放上自己喜欢的水果和薄荷叶子作为点缀。

清凉的冰沙点心

将剩下的水果汁冷冻使其变硬，就做成了简单的果子露点心。

腰果奶油

在剩下的水果汁中加入腰果，制作成腰果奶油。

材料 （1人量）

生腰果·····························½杯（约60g）
水果汁·····························100ml
槭糖浆·····························2大勺
装饰用材料
自己喜欢的水果和薄荷叶子······适量

制作方法

1. 用3倍于腰果用量的水（分量外的）将腰果浸泡30分钟。然后将水倒掉再用流水清洗，沥干水分后放入搅拌器中。

2. 将水果汁和槭糖浆放入搅拌器中。盖盖，启动搅拌器开关，搅拌细腻后关掉开关。

3. 用刮刀（抹刀）将其盛入容器中，放上自己喜欢的水果和薄荷叶子点缀即可。

蔬果汁笔记

100g的腰果就可以满足人体一天所需要的80%的铁和65%的维生素B1。腰果奶油可以在冰箱中存放一周左右的时间。可以用来做奶油夹心。

材料 （80ml的量）

喜欢的蔬果汁················50ml
橄榄油···················2大勺
柠檬汁···················1大勺
盐······················¼~½小勺
黑胡椒粉··················少许

制作方法

将所有的材料放入搅拌器中，搅拌至乳化变白为止。

蔬果汁笔记

制作沙拉调味汁的基本方法就是油和酸味汁按照2:1的比例，再加入盐和胡椒。建议使用低温压榨（cold pressing 冷压）的橄榄油。在大碗中放入蔬菜等材料，再浇上调味汁调制均匀。用亲手制作的沙拉调味汁来制作蔬菜沙拉慢慢享用吧。

蔬果汁沙拉调味汁

在剩下的蔬果汁中加入橄榄油、盐以及胡椒，做成简单的沙拉调味汁。

清凉的冰蛋挞

用坚果做成蛋挞胚，再倒入剩下的水果汁、水果布丁或者第102页中的腰果奶油，
进行冷冻即可。

材料 （1人量）

蛋挞胚

生核桃……………………40g

椰子片……………………10g

海枣………………………1个

夹心

水果汁

（或者水果布丁和腰果奶

油/参考第102页）…………100ml左右

槭糖浆……………………1大勺

装饰用材料

喜欢的水果…………………适量

薄荷叶子……………………适量

制作方法

1　将生核桃、椰子片和切半去种后的海枣
一起放入电动食品调理机中，盖盖，启
动开关，搅拌至蓬松后关掉开关（搅
拌过度的话会出油分所以要注意）。

2　铺上保鲜膜，在蛋挞模型中倒入第一步
中的蓬松状液体，一边拉伸一边将模型
铺满（不要让液体从模型中流出来）。

3　如果必要的话，可以在水果汁（或者是水
果布丁）中加点槭糖浆调整一下味道。

4　将第三步中的果汁（或者是腰果奶油）
倒入第二步中的蛋挞胚中，放入冰箱
中冷冻使其固化。食用之前从冰箱中取
出，切成适当的大小。最后在上面放点
喜欢的水果和薄荷叶子点缀一下。

蔬果汁笔记

如果只用搅拌器来制作蛋挞胚的话，可以盖上
盖，启动开关后，从小窗口将核桃一粒一粒的放
进去比较容易被粉碎。核桃中富含人身体所需
要的n-3类脂肪酸（Ω3）。蛋挞胚可以冷冻保
存，所以可以一次多做一些。

杏仁奶甜点蔬果汁

用自己亲手制作的杏仁奶做成蔬果汁。肚子饿的时候可以拿来当点心享用。

杏仁奶的基本制作方法

用亲手制作的杏仁奶代替牛奶和豆浆制作一款甜点蔬果汁。
杏仁是一种富含维生素的坚果,具有防止动脉硬化和老化的作用,还可以改善寒冷体质。

材料 （约600ml）

生杏仁······················1杯（约120g）
香子兰粉·················¼小勺
槭糖浆·····················2~3大勺
盐··························少许
水··························600ml

制作方法

1 将生杏仁放在水中浸泡一晚。然后用流水洗净,沥干水分后放入搅拌器中。

2 将香子兰粉、槭糖浆和盐放入搅拌器中。

3 注入一半的水,盖盖,启动搅拌器开关。搅拌细腻后关掉开关。

4 将剩下的水倒入,盖盖,再次启动开关进行搅拌。搅拌细腻后用纱布（或者坚果牛奶袋）过滤即可。

蔬果汁笔记

如果开始的时候将水一次性加入,杏仁不容易被粉碎细腻,所以水要分成两次加入。除了生杏仁以外,还可以用生腰果和生核桃以及澳洲坚果等来制作。另外,香子兰粉也可以用一小半勺香草精来代替。杏仁奶可以在冰箱中存放2~3天。

在成品上撒点肉桂
蓝莓杏仁奶果汁

🥣 **材料** （1人量/约250ml）

蓝莓……………………………½杯（约70g）
杏仁奶（参考第106页）……………150ml

🥤 **制作方法**

1 蓝莓带皮放入搅拌器中。

2 注入杏仁奶，盖盖，启动搅拌器开关。搅拌细腻后关掉开关，倒入杯中即可。

加入薄荷的巧克力口味
香蕉可可杏仁果汁

🥣 **材料** （1人量/约250ml）

香蕉………………………………1根
可可粉……………………………1大勺
杏仁奶（参考第106页）……………200ml

🥤 **制作方法**

1 将香蕉两头切掉，剥去外皮，掰成大块后放入搅拌器中。

2 将可可粉放入搅拌器中，再倒入杏仁奶，盖盖，启动搅拌器开关。搅拌细腻后关掉开关，倒入杯中即可。

用杏仁奶做基本的果汁

混合果汁杏仁奶蔬果汁

🥄 **材料**（1人量/约250ml）

橙子··½个
草莓··5个
香蕉··½根
杏仁奶（参考第106页）··············100ml

🥤 **制作方法**

1 剥去橙子外皮，连带薄皮切成大块，去掉种子后放入搅拌器中。草莓带蒂放入搅拌器中。

2 剥去香蕉外皮，掰成大块后放入搅拌器中。

3 倒入杏仁奶，盖盖，启动搅拌器开关。搅拌细腻后关掉开关，倒入杯中即可。

杏仁奶和带叶蔬菜做成的甜点蔬果汁，味道也很棒。

杏仁奶绿色蔬果汁

🥄 **材料**（1人量/约250ml）

菠萝··¼个
香蕉··1根
菠菜··½棵
杏仁奶（参考第106页）··············100ml

🥤 **制作方法**

1 将菠萝去掉外皮，切成大块后放入搅拌器中。将香蕉两头切掉，剥去外皮，掰成大块后放入搅拌器中。

2 将菠菜切成3cm左右的长度后放入搅拌器中。

3 倒入杏仁奶后盖盖，启动搅拌器开关。搅拌细腻后关掉开关，倒入杯中即可。

食材索引

111

TITLE：[30代からのスムージー]

BY：[齋藤志乃]

Copyright © Shino　SAITO 2013.

Original Japanese language edition published by SHIROKUMASHA

All rights reserved. No part of this book may be reproduced in any form without the written permission of the publisher.

Chinese translation rights arranged with SHIROKUMASHA,Tokyo through Nippon Shuppan Hanbai Inc.

本书由日本株式会社白熊社授权北京新世界出版社有限责任公司在中国大陆地区出版本书简体中文版本。

著作权合同登记号：01-2014-2786

图书在版编目（CIP）数据

我的小清新情调：健康排毒蔬果汁 /（日）齐藤志
乃著；郑乐英译. —— 北京：新世界出版社，2015.3

ISBN 978-7-5104-5273-4

Ⅰ.①我… Ⅱ.①齐… ②郑… Ⅲ.①果汁饮料 – 制
作②蔬菜 – 饮料 – 制作 Ⅳ.①TS275.5

中国版本图书馆CIP据核字(2015)第007540号

我的小清新情调：健康排毒蔬果汁

策划制作：北京书锦缘咨询有限公司（www.booklink.com.cn）

总 策 划：陈　庆

策　　划：李　伟

版式设计：王　青

作　　者：（日）齐藤志乃

译　　者：郑乐英

责任编辑：房永明

责任印制：李一鸣　史倩

出版发行：新世界出版社

社　　址：北京西城区百万庄大街 24 号（100037）

发 行 部：（010）6899 5968　（010）6899 8733（传真）

总 编 室：（010）6899 5424　（010）6832 6679（传真）

http://www.nwp.cn　http://www.newworld-press.com

版 权 部：+8610 6899 6306

版权部电子信箱：frank@nwp.com.cn

印　　刷：北京利丰雅高长城印刷有限公司

经　　销：新华书店

开　　本：710mm×1000mm 1/16

字　　数：80 千字

印　　张：7

版　　次：2015 年 5 月第 1 版　2015 年 5 月第 1 次印刷

书　　号：ISBN 978-7-5104-5273-4

定　　价：29.80 元